家庭理财经

为爱家的人量身打造的财富手册

HOW TO FINANCE HOME LIFE

（美）埃尔伍德·劳埃德（Elwood Lloyd, Ⅳ）著 胡 彧 译

中国出版集团 東方出版中心

图书在版编目(CIP)数据

家庭理财经：为爱家的人量身打造的财富手册/(美)劳埃德著；胡彧译. —上海：东方出版中心，2014.6

ISBN 978-7-5473-0680-2

Ⅰ. ①家… Ⅱ. ①劳… ②胡… Ⅲ. ①家庭管理—财务管理—普及读物 Ⅳ. ①TS976.15-49

中国版本图书馆 CIP 数据核字(2014)第 112241 号

肖像手绘：孟令国
插图手绘：李飞飞

家庭理财经——为爱家的人量身打造的财富手册

出版发行：东方出版中心
地　　址：上海市仙霞路 345 号
电　　话：021-62417400
邮政编码：200336
经　　销：全国新华书店
印　　刷：昆山市亭林印刷有限责任公司
开　　本：890×1240 毫米　1/32
字　　数：150 千
印　　张：7.25
版　　次：2014 年 6 月第 1 版第 1 次印刷
ISBN　978-7-5473-0680-2
定　　价：35.00 元

东方出版中心邮购部　电话：52069798

埃尔伍德·劳埃德

家不仅是一个居所，它还和企业经营一样需要获利。对于家庭来说，获利就是要获得幸福，因此，家庭要建立在坚实可靠的基础上。

家中如果存在吝啬，快乐就很少存在；而家中若没有节俭，幸福就不复存在。

这是一本为准备建立或已经建立家庭者量身打造的家庭理财宝典。近百年来，为无数欧美家庭提供了得以传世的理财智慧。熟读本书，并确实遵照书中的指引，就能帮助你建立一个快乐、幸福的美好家庭！

目 录

Contents

第 3 章 家庭生活的第一年

第 4 章 养育子女的家庭计划

第 5 章 家园建设

第 10 章 遗嘱、信托和遗产

第 11 章 量身打造理财计划

第 12 章 你应该要知道的金融常识

前言

HOW TO FINANCE HOME LIFE

经营家庭如同经营一份事业

卡尔文·柯立芝（Calvin Coolidge, 1872-1933）（译注：曾于1923-1929年任美国总统）确实是美国家庭生活经营创造出的一个优秀典范，他的家庭并不是以巨大的财富和赫赫的名声著称。他出生在佛蒙特州蓝山脚下的一个村庄，他的父亲一生都用传统方式处理家庭琐事，而他的苦心经营，终于迎来了他伟大儿子的降临。

正因为佛蒙特州的家为总统柯立芝提供了良好的家庭生活基础，他在谈到全美家庭生活结构的问题时，语气充满了自信与中肯。以下是柯立芝总统这段谈话的摘录：

> 社会依赖家庭，这是我们国家制度的基础；家庭生活承载着我们美好的童年回忆、我们趋于成熟的收获以及我们上了年纪后处事泰然的作风。一个人如果视家庭是神圣的，那么他的人格就会坚强有力，不可能被轻易摧毁。

从某种意义上来说，爱国主义也是个人对家庭的爱的延伸。

一个由家庭为单位构成的民族，是一个充满爱国气息和凝聚力的民族，作为公民的我们，应像爱护自己的家园一样，爱护我们的祖国；没有家就没有爱国主义，国家也就不存在。

当然，我们都期望拥有一个属于自己的家，但我们往往没有考虑到，家不仅是一个明确的居所，它还和所有其他商业机构一样要盈利。对于家庭来说，盈利就是要获得幸福，因此家庭必须要建立在坚实可靠的基础上。

家庭建立初期一定要充分、合理地经营，一定要保证某些理财基金的支出和日常开销费用。家里必须有一份备用金，以应付突发事件和紧急情况的支出；家里必须有关于延长和扩充消费的具体规定，且必须备有应对债券到期、利息暂停状况的预案及应避免破产或家庭解构等现象出现。

如果家庭成员中任何一个人想开始经营某个生意，那么在投资之前，必须至少要对这个生意的最基本相关知识有所了解。

建立一个家庭就如同经营一份事业，家庭的经营就是要创造幸福、美满、坚定和正直的公民。所以，这当然是一项重要的经营。

那么下面让我们尽可能去获得更多的相关信息，并从这些有用的信息中，找到经营家庭这门事业的正确方法。

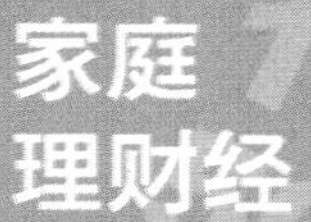

第 1 章 预算与开销

一般来说，

我们可以从以下六方面来进行

家庭开支的估算：

储蓄、住房、食品、

服装、杂支、改善和

丰富生活的支出。

面对现实

当建筑师被咨询设计一套房屋时，他首先想了解的事情是建筑商能支付或想支付多少预算。在他设计房屋之前，建筑师要考虑到他在开支方面的局限性。拿到预算的数据后，建筑师才会使用专业知识和技能，在不超支的情况下设计出一套最适合、最可取、最具实用性的房子。

当技术精湛的外科医生被要求去做外科手术时，他首先要了解的是患者的身体状况。他能掌握自己的技术，但他还必须知道自己工作对象的状况，包括患者最好可恢复到什么程度、医生在手术中开刀的力度及患者的心脏是否能承受麻醉和手术的强度。只有得知这些信息，外科医生才能施展出自己精湛的技术。

经营家庭也是如此。我们首先应弄清楚最基本的现实问题：我们应从何处着手？为了弄清楚这个问题，我们必须再次计算我们的收入与开销。

我们都知道自己的收入。首先，我们应学会有效率地使用这些收入，学会最经济的购物方式，从而将生活必需品的开销控制在我们的收入范围内，并且还能为扩大生活中的其他投资留有足够资金，这包括建造房屋和提升家庭生活质量。

要成功执行预算，无论是经营家庭还是商业运作，或是进行城市管理、政府领导，现实情况是我们必须要面对的。正如我们所知，任何计划的执行基础都建立在我们对这个计划现实状况的了解上。

面对现实需要勇气。一般来说，我们害怕面对事实，因为这些问题的出现可能会令我们不快；或者当我们面对现实时，我们可能会受固有意识的影响，被迫去改变我们以前的生活方式。

无节制的攀比是愚蠢的行为

恐惧是节俭、幸福、舒适和成功家园的最大敌人，我们每个人都会面临恐惧。

令人恐惧的现实就是：15% 的人要承担起照料人口总数 85% 的老人的责任；年满 60 岁之后只能依靠亲属或慈善机构来生活。

这种恐惧起因于不良的家庭财务管理，其实恐惧是愚蠢、简单、徒劳、多余的行为，因为只要及早做准备，你就能避免。

总体来说，美国人民是勤劳向上的民族，大多数人是辛苦工作的劳动者。我们以身为工人而深感自豪，因为在这个自由的国土上，工人被社会认可，只有辛苦工作的人才有权得到人们的尊重。

不要与邻居互相攀比。

劳动者得到经济上的回报。一般来说，我们拥有健康的身体，收入完全可供衣食和住宿所需，可让我们在社会上生存。

可是恐惧的出现，打乱了我们正常的生活，恐惧使我们的花费超过了日常必需的开销。我们希望在那些比我们稍富裕的人面前，显示自己的生活质量其实比人们想象中的水平要高得多，这样我们便步入了奢侈的生活，而这些奢侈的生活方式并没有给我们带来快乐，因为这种奢侈生活只是让我们在他人面前炫耀，使人们相信我们的生活比其想象中要来得富裕。

不断与邻居互相攀比，在缩短生命和毁坏家园方面的功效，比一个国家遭受任何一场瘟疫的作用都大。这句话绝对没错。

经营家庭要编收支预算

在我们即将投入的预算和计划中，第一个必须面对的现实是我们的开销不可以大于我们的收入，如果生活必需品的费用超出了我们的收入，那么有两种选择：一是增加收入，赚更多的钱；二是调整支出，使生活在实际应该的水平上。选择哪一种，则是编列预算的前置工作。

最简单的去面对现实的方法是将现实简化成客观的数字，将其用黑笔写在白纸上，清晰映入眼中。

大多数人会发现自己平常花钱很松散，如果我们把“既要做一个赚钱能手，又要做一个精明的消费者”当成一个准则来遵守，

那么这种现象就不会发生。我们努力工作，无论是体力劳动还是脑力劳动，才能有良好的收入。所以，我们在花这些钱时要稍动动脑筋。

乱花钱的习惯是可以克服的，最好的方法就是记录一段特定时期内的支出，然后仔细考虑如何在损失最小的情况下，削减这些费用。

调整预算可以让我们的储备金不断增长，但没有必要在开始调整预算之前保持一整年的支出记录。可以一星期进行一次细心的记录，或者一个月，或者更长一段时间。最重要的是要开始记录。

我们应怎样分析消费项目？让我们先看看一个年轻人是如何成功做到的。下面是他关于这方面的一些看法：

我仔细地对我的开销做了记录，下一步我要做的是找出这些数字意味着什么。下面是我对此的理解：

房租没办法减少，但燃料费可以减少。硬煤的开销占总支出的 25%，如果使用板岩和焦炭会省一些钱，我还可以在夏天购买贮藏，这时候价格便宜，可省一些钱；煤气费看起来很合理，但我们可以在不使用煤气时将指示灯关掉，这样可以省几美元；水费是每月 6.8 美元，这表示其中至少有 2 美元是不经意浪费掉的；家用电话费是每月 2.25 美元，但长途电话费过多，我们可以节省一些长途话费。

虽然我们每月的生活没什么两样，但每月的食物支出费用却变化很大。几次在市中心用餐的开销，等于我们两个星期一般的伙食费。虽然这是为太太改善生活，但我们不得不减少这类活动。我宁愿自己整理家务，也不会让太太或雇用人来做家务。虽然就个人而言，我不喜欢在家里吃饭。

娱乐项目能减少就尽量减少，所以我们的消费额在减少。养车和搭车的消费过高，但其中一半是用于上下班搭乘火车。我想，自己可以不养车，外出可以搭车，这样还可以有更多的机会走路。

储蓄和节俭并不意味着要苛待自己，相反，我们是在合理消费。无论价格高低，如果一个商品不能提供我们与价格相对称的舒适服务，那么它就不能算是便宜。

对大多数人来说，编预算或维持预算是一个极其复杂且神秘的过程，但这并不一定是真的。

在最简单的术语表达中，预算只是一个人尽可能准确地估算日后的开销，如何计划使用自己的收入，然后做出诚实的努力，使自己的开销保持在估算额之内。

这样看来，在保持了足够长的、可以实现状况分析的消费记录后，编预算首先要做的事情是：确定要在自己的工资里保留多少比例的钱。

首先，人们应考虑好自己能力范围内的生活必需品包括什么。一般来说，生活必需品包括住房、食物和衣物用品，但有一样比

这些都重要，那就是对未来和突发事件的应急储备金。如果我们不希望成为慈善机构捐助的对象或负债者，为应付这些突发事件，我们需要有一定的储蓄。

在编预算的过程中我们会发现，预算会为我们决定要在收入中留多少钱作为紧急储备金。如果我们是要先考虑预留，那么接着我们把工资剩余的部分钱和其他生活必需开支划分开来，我们会发现，如果将储蓄放在最先考虑而不是最后考虑，存钱其实是很容易的。

不久前，一位年轻女子到笔者这里来咨询有关积蓄方面的问题，她说要从她每星期的工资中存下钱是绝对不可能实现的。

我问她想存下多少钱，她说她不知道，只是希望能存下一些钱。这恰恰是问题的所在——她根本没有一个明确的目标。最后，这个年轻女子说她每月将存 10 美元作为开端。

只有当我们做好这个基础事情，我们才能做其他方面的盘算。当工作增长了她微薄的收入，使收入超过了消费，我们便有了明确的事情可做。令人吃惊的是，我们成功地使她的工资可满足她的支出，还使她的工资有所剩余留作储蓄。这个年轻女子现在每月储蓄额增加至 18 美元，希望不久之后每月能增加至 25 美元。

预算仅仅是一个诚实的估算和谨慎开销的事情。

家庭开支的六大方面

无论是勾勒预算还是按比例划分收入，要使它们适用于生活中发生的所有事件是不可能的。每个家庭都有自己的问题需要处理，因此每个家庭的收支估算必须要适用于自己独特的家庭境况。

但有一些基本的规划和一些从大量案例中总结出来的估算可以作为参考。这些规划和估算就如同优秀的导游一样，会告诉我们是否明智地进行消费。

一般来说，我们可以从以下六方面来进行家庭开支的估算：储蓄、住房、食品、服装、杂支、改善和丰富生活的支出。

储蓄不但包括我们存在银行的薪水，还包括经营未来的各种经费投入，例如：投资、保险，或者其他任何可用货币为我们赚钱受益的支付形式。

住房则包括租金或购房支付、抵押贷款、税收、火险、维修以及住宅物业管理的费用；食品可分为肉类、鱼类、杂货、牛奶、奶油、蛋类、面包、蔬菜、水果，还包括外食的餐费；服装包括买新衣、定制或修改衣服；其他生活开支包括暖气费、电费、燃料费、订报费、电话费、文具费、洗衣费、汽车燃油费、交通费、烟草购买费用等等；改善和丰富生活的支出包括接受教育、参加教会和慈善机构组织的活动、订购书籍和杂志、参加演讲、度假、参加俱乐部活动、赠礼、医疗、药品购买、娱乐等的支出。

一般家庭的月收入在 100-300 美元之间，以下是权威人士对普通家庭的经营所做的预算安排：

只有两口人、月收入为 100 美元的普通家庭，如果每月能存下 10-12 美元，那么这个家庭是较安全舒适的。家庭的住房支出不能超过 25-30 美元；食品开销需在 28-30 美元之间；

衣物支出约在15-20美元；杂支每月需限制在8-10美元间；改善和丰富生活的支出需控制在5-7美元间。

一个月收入为150美元的两口之家，合理的预算支出是：储蓄25美元;住房35-40美元;食品35-40美元;衣物23-30美元;杂支10-12美元;改善和丰富生活的支出10-15美元。

月收入为200美元的家庭，开销可以这样分配：储蓄50美元；住房40-55美元；食品35-47美元；衣物27-35美元；杂支16-20美元；改善和丰富生活的支出15-20美元。

当两口之家月收入达到300美元时，按照平均水平，可按以下方式合理支出收入：储蓄55-65美元；住房45-70美元；食品45-60美元；衣物40-45美元；杂支50-60美元；改善和丰富生活的支出25-40美元。

这样看来，两口之家月收入为300美元的生活水平，似乎和月收入为150美元或200美元的两口之家的生活水平是一样的，但事实并非如此。收入增加意味着责任加重，即一个人意识到自己具有承担更大责任的能力，也就是一个人社会责任感的增加。

上述的一般预算都将这些义务考虑在内，并允许随着社会地位的提高增加消费，以期能提高生活水平。

远离债务，创造盈余

进行预算系统操作可收获的美好事情是：账单和紧急事件永

远都不会因为没有备用金而无法解决，这是一个有效的远离繁重债务的生活途径，而欣欣向荣的生意就是远离债务、创造盈余。

对于三口之家消费的整体划分建议如下：

月工资 100 美元的家庭：储蓄 3-8 美元；住房 25-35 美元；食品 32 美元；衣物 15-20 美元；杂支 8-10 美元；改善和丰富生活的支出 5-7 美元。

月工资 150 美元的家庭：储蓄 20 美元；住房 35-42 美元；食品 35-42 美元；衣物 24-35 美元；杂支 10-12 美元；改善和丰富生活的支出 10-15 美元。

月工资 200 美元的家庭：储蓄 40 美元；住房 40-55 美元；食品 45-50 美元；衣物 30-35 美元；杂支 16-25 美元；改善和丰富生活的支出 15 美元。

月收入 300 美元的家庭：储蓄 50-65 美元；住房 45-70 美元；食品 50-62 美元；衣物 43-50 美元；杂支 50-60 美元；改善和丰富生活的支出 25-45 美元。

由四口人组建的家庭开销或估算支出自然会有一定的变动，一般来说较合理的分配是这样的：

月工资为 100 美元的家庭：储蓄 1-2 美元；住房 28-35 美元；食品 34-35 美元；衣物 15-20 美元；杂支 8-10 美元；改善和丰富生活的支出 5-7 美元。

月工资为 150 美元的家庭：储蓄 10-15 美元；住房 35-42 美元；食品 40-45 美元；衣物 26-40 美元；杂支 12-12.5 美元；改善和丰富生活的支出 10-12.5 美元。

月工资为 200 美元的家庭：储蓄 25-30 美元；住房 40-60 美元；食品 50-52 美元；衣物 32-40 美元；杂支 16-25 美元；改善和丰富生活的支出 15 美元。

月工资为 300 美元的家庭：储蓄 40-45 美元；住房 45-70 美元；食品 55-64 美元；衣物 50-55 美元；杂支 50-60 美元；改善和丰富生活的支出 25-45 美元。

在探讨预算支出和家庭人口的问题时，我常常不得不承认这种消费划分在今天人口膨胀，房价、租金高涨的社会中是不可行的。一对月收入为 200 美元的年轻夫妻清楚地告诉我，要找到每月房租为 40 美元的住处是不可能实现的，他们按这种方式找到的最适合自己居住的一间小公寓，每月房租就高达 75 美元。

这是非常真实的，但如果一处消费超支，那这超支的款项就要在其他消费项目中扣除。如果租金这项消费不能控制在预计支出的范围内，那么你就要修改一下你脑海中关于适宜居住的地方及条件的观念。

前面我提到的那对年轻夫妇有私家车，那么他们就要支付额外的车库出租费。但有这样便利的交通工具，他们完全可以选择其他租金合理且适宜的地方居住，比如远离市内霓虹灯的郊区，那里空气也很新鲜，唯一要花点心思的就是每天他们需早起一点以便开车去上班。

但有一点是毋庸置疑的，如果一个人总是爱慕虚荣，好与他人攀比，那无论什么样的预算计划都将无法奏效。

职业女性消费模式的建议

加州意大利银行妇女部门出版了一本关于妇女预算指南的书，上面提到的几种预算方法书中都有所描述，以下就是对职业女性消费模式的一些建议：

月薪 100 美元：储蓄 10 美元，食宿 45 美元，汽车保养费 3 美元，午餐 12 美元，衣物 20 美元，改善和丰富生活的支出 10 美元。

月薪 120 美元：储蓄 20 美元，食宿 50 美元，汽车保养费 3 美元，午餐 12 美元，衣物 20 美元，改善和丰富生活的支出 15 美元。

月薪 150 美元：储蓄 30 美元，食宿 55 美元，汽车保养费 5 美元，午餐 15 美元，衣物 25 美元，改善和丰富生活的支出 20 美元。

月薪 200 美元：储蓄 60 美元，食宿 60 美元，汽车保养费 5 美元，午餐 15 美元，衣物 30 美元，改善和丰富生活的支出 30 美元。

很多职业女性看到上面提供的数字都会嗤之以鼻，然后告知外界这是不可能实现的。关于这一点，我接触过一个每星期收入为 30 美元的年轻女性，她每月要努力支付 65 美元的公寓费，同时她还要分期支付价值 370 美元的钢琴，但她每天从办公室回到家时都太累了，根本无心弹奏钢琴。

不仅是刚步入社会的年轻人要实施恰当的预算编列，年轻夫

妻更可以用预算编列为自己将要起步的婚姻生活做规划。

海伦·古德里奇·巴雀克（Helen Goodrich Buttrick）（译注：著有《服装的选择原则》等书）在一本家庭理财杂志中说道：

> 对房子的装修有多种预算支出的规划，其中一种是将房子分为三个区域，分别用于工作、睡眠、生活起居，并依此来分摊费用。
>
> 工作的区域包括厨房、储藏室、洗衣房；睡眠的区域包括卧室和浴室；起居室是人们不睡觉时消遣的地方；餐厅有时被规划在起居室中，有时被包含在工作区域中。每一部分的开销取决于房间大小和精致程度及女主人是否请帮佣帮忙打点家务，亦取决于她是否在外工作，以及她娱乐消费的程度。
>
> 如果把餐厅划分在工作区域，并且聘请薪资昂贵的帮佣来保留妻子的时间和精力，那么供给房子这一区域的花费，就相当于供给起居室所需花费的两倍。在这种情况下，房屋的布局最好这样划分：起居场所，两处；睡眠场所，三处；工作区域，四处。另外，如果这家人偏爱音乐，钢琴是生活必需品，那么起居场所的花费还要大大增加。
>
> 没有人会给出一个特定的划分格局，因为对房屋的需求因主人而异。起初房屋布局的建议会帮助你把装潢房屋的总开销平均分为三部分，列出每个区域绝对所需

用品的名单，再逐一削减每一部分所需的费用。然后你再列出自己想为每一区域添加的喜爱物品，同时可改动这三部分的开销比例，直到你觉得会得到满意的回报为止。

如果你的资金总额较少，但却要添置很多东西，那么采购时你最好要多逛商场，讨价还价，挪出充足的时间仔细计算比较。好的投资需要花费时间和投入精力，这样做同时也可防止被精明干练的推销员迷惑而失去明智的购买力，从而陷入资金窘迫的境地。“生活必需品优先购买”，没有经验的房屋装修者应该把这句话奉为圭臬。

一个女人要管理好一个家，她最需要做的事情就是收集一切关于家庭用品和家具准确和详细的信息。

所以我们明白，即使我们可以按照心目中舒适和幸福的目标步入家庭的实质性建设，在一定程度上，我们有必要成为一个资金投资人，因为创建一个公司就必须投入公司所需的必要资金。

一对情侣如果拥有了美好的爱情，对未来充满希望，身体健康，并对事业满怀抱负，便意味着他们可以步入婚姻的殿堂；但如果缺乏资金，任何机构都寸步难行，家庭也不例外。婚姻好比要起航的船只，起航前一定要做好规划，即使这小心的规划可能会导致起航的推迟，但船一旦起航，它就必定会成为一艘更适合

婚姻好比要起航的船只，起航前一定要做好规划。

远航的船。

购物时掌握理智的原则，就如同节俭是家庭经营的根基。这是我们组建家庭必备的知识。

家庭
理财经

为爱家的人量身打造的
财富手册

HOW TO
FINANCE
HOME LIFE

第2章 家庭“伙伴”的责任

形成和组织一个家庭的男女，

承担着明确的责任。

筹划家庭经营的伙伴们，

承担的责任

就和合伙经营生意的伙伴们

承担的责任一样真实。

丈夫和妻子的职责

形成和组织一个家庭的男女，承担着明确的责任。筹划家庭经营的伙伴们，承担的责任就和合伙经营生意的伙伴们承担的责任一样真实。

做生意光有资金的投入和期望拥有良好的合作伙伴关系是不够的，合作伙伴必须对工作有长远的计划，以确保生意繁荣；也就是，生意开始之前若能制订并贯彻执行周密的计划，成功概率就会因此提高。

编列预算的目的绝不仅仅是去完善一个工作计划，它还包括清楚地指出家庭经营过程中一个人所要面对的责任，它像指引家庭努力奋斗目标的路标一样。当一个人知道自己要去哪里，知道自己要进行一个怎样的行程，那么他的路会很好走。预算就具有这样的功能，它指引方向，告诉人们前方是否是上坡路，它在人们到达之前扫平颠簸的路径，它向人们指出前方工作的目标。

这里提供你一个友好的小提示：当你遇到甜言蜜语的推销员纠缠时，你可以告诉他你最近正在实行家庭预算计划，这个预算不允许你购买计划以外的奢侈品。这是抵制不理智消费且随时可用的最好回答方式，它不仅提供了一个拒绝不必要消费的无可辩驳的理由，而且为自己在推销员花言巧语的推销术面前留足了面子。

建立节俭基金的必要性

节俭基金的建立是件好事，而且它是生活必需品，是一个人建立家庭时必须要承担的责任之一。那么，节俭基金的建立何以能成为一种责任呢？为什么又是必要的呢？为什么人们在建立家庭时要考虑这个问题呢？

仔细考虑过这个问题的人会给出很多原因，但我现在只列出其中几点：

有头脑的人会列出的第一个原因是：节俭是一个人退休后经济保障的可靠手段，节俭使一个人在度过了能创造生产价值的年纪后仍可保持经济独立。

没有人期盼年老时生活拮据贫困，没有人喜欢年老体弱时依靠他人而活。我们只有在年轻体壮之年为未来储存基金，才能期望过上我们理想中的晚年生活。

每个人在生活中都会遇到突发事件，处理突发事件需要花费金钱。即使它们不会导致债务积累，但在以后相当漫长的一段时间内也需勒紧腰带过日子，所以我们必须在突发事件降临之前，

提前做好资金储备。疾病、事故、火灾，任何和我们生活息息相关的、突发的、不可预料的危险，我们都必须考虑在内。

对突发事件的考虑，是一个人开始经营家庭时必须承担的义务之一。在突发事件发生前，一个人为此所做的资金储备程度，可以很好地去衡量这个人认知和承担责任的能力。

为了我们自己和我们的孩子：我们希望孩子接受良好的教育，希望享受旅游带来的生活乐趣。而接受教育和享受旅游都需要金钱支撑，这些都需要提前预存资金，这就体现了家庭经营者建立节俭基金的必要性。

家庭本身就是一个需要“付费”的责任。当家庭需要你支付这笔费用，你该如何才能满足这种需求呢？只有你平时生活按计划开销，手头留有余款才可实现；如果你平时没有一个明确的节约计划，那这笔费用是很难得到支付的。

大多数工人都有这样一个梦想，在未来的某日某地，他们会拥有一个属于自己的公司。这需要资金，我们必须从目前的收入中留有盈余，这个梦想才可能实现。

拥有足够的资金填补商业中的损失，这是家庭经营者的另一份责任。要预先计划，以防有一天你的生意不景气，赚不回本；如果你现在是一个上班族，你必须确保在你失业或由于商业条件不景气而导致你赚钱能力减弱时，你能有足够的资金维持你和家人的生活。

吝啬不等于节俭

我们必须意识到，一个人生活的幸福指数，并不是他的总收入，而是他的纯收入，即一年中剔除生活费用后存下来的钱。另外，储蓄不是努力的结束。

亚里士多德（Aristotle，前384-前322年）（译注：古希腊哲学家、科学家、教育家）的中庸之道很有见解：过度的节俭就如同浪费，因为这意味着我们在为“明天”节约一切，而也许这个“明天”永远也不会到来。

美国银行家协会将人分为三种类型：吝啬型、节俭型和奢侈型，银行家又将他们的举止，或者更确切地说是他们的消费方式，浓缩为如下的百分比：

据统计，吝啬型的人将他们的收入按下列比例分配：储蓄，60%；生活费用，37%；教育费用，1%；休闲费用，1%；慈善捐赠，1%。

相反，奢侈型的人用这样的方式花他的钱：储蓄，无；生活费用，58%；教育费用，1%；休闲费用，40%；慈善捐赠，1%。

节俭型的人则这样做：储蓄，20%；生活费用，50%；教育费用、休闲费用和慈善捐赠，各10%。

节俭是最可取、最应发展的方式，但过分节俭也是很危险的。如果一个父亲沉溺于欣赏成堆美元的积累，那他就不会看到孩子们接受足够教育带来的益处；如果他过分节俭，以致维持不了家庭的基本给养和积极向上的精神面貌，那他就不再是一个节俭的

沉溺于欣赏成堆美元的积累，
就不会看到孩子们接受足够教育带来的益处。

人，他每年节省再多的钱也不值得人们尊重。

如果一个人只为加速积累钱财而杜绝读书、娱乐、旅行，那他就不能被称之为理想公民的典范。

我们在追求经济独立的时候，不能忘记金钱的真正意义是什么，我们必须意识到，金钱只是作为一种购买力而存在。一个人如果失去了对金钱真正意义的认识，那他必将变成一个十足的吝啬鬼。

节俭和吝啬绝不是一回事。弄清这两个词义的区别，是那些将要或已经置身家庭经营者的首要任务。

对家的概念的理解，首先它应是一个令人身心愉悦的地方。对节俭和吝啬两词不同含义的认识，有助于扩大我们对“家”的进一步理解。因为家中如果存在吝啬，快乐就很少存在；而家中若没有节俭，幸福就不复存在，因为没有节俭，家中就会挤满由奢侈和债务带来的焦虑和不安。

如果不工作，就谈不上存钱

事实上，家庭成员通常是资金的生产者，要首先承担起责任，而且要深刻地意识到，任何经营的成败重在管理，而成功的管理则依赖优秀的组织规划。有计划地花钱，是为成功经营家庭做最好的准备。

在编预算计划或建立一个家庭之前，我们必须是一个生产者。

我们不赚钱，就不能存钱；我们采取怎样的预算规划，我们经营的家庭规模的大小或优雅程度，直接取决于我们的生产力和收入能力。

因此，我们必须合理且充分地利用时间和精力，使我们的产出和能力成正比。这一点我们必须充分意识到，并把它作为首要责任之一。

有时候尽管我们从事很令人讨厌的工作，但要我们就此放弃工作而失去薪资，也是需要很大勇气的。但一旦将这种勇气付诸行动，你就会收益巨额红利，只要你找到正确的发展方向和适合自己的工作。那么如何知道自己是否适应此工作？其实很简单，你从事的工作如果能带给你快乐，那就说明你适合干这行。能愉快从事自己工作的人，往往会拥有一个幸福的家庭和大量的节余。

美国一个最大的劳动雇主在被问到如何决定一个人薪水高低时这样说道：“一个人的薪水是由这个人所需的监督管理程度决定的。如果他需要大量的监督管理，他必然得和其他劳工一起分摊其上司给的薪水，那结果势必是他的薪水会很低；如果他不需要那么多的监督管理，那么他的薪水就会增加；如果他有能力监督管理他人，加入管理人员的行列，那么他有权享用与这种身份相称的工资。”

而最不需要监督管理的人就是最适合这份工作的人，因为他喜欢这份工作，所以他才去从事。

劳动者，同时又是家庭经营者，在做一份工作之前，可能就会从老板的提示中确定自己是否适合这份工作。这种方法尤其适合即将步入职场的年轻人。

年轻人时时梦想拥有一个属于自己的家，因此针对年轻人，我们的忠告是：第一份工作的发展前景，要远远重于第一份工作的收入是多少。

当一个普通的年轻男子开始认真考虑组建自己的家园时，他主要拥有的资本包括健康的身体、灵活的大脑和坚定的必胜信念。客观来说，在这样的基础之上，责任感作为一种本能的理智告诉他，他可以实现梦想。

如果年轻人确信自己身心健康，他的定期收入可满足自己最大创造能力的发挥，那么这是非常好的一件事；但不幸的是，没有人拥有料事如神的能力，潜在的健康和生活危机总会伴随着我们。我们可能会出现身体或大脑不能像以前正常工作的时刻，意外或疾病可能会击垮年轻人，随之而来的便是暂时或永久性的收入终止。

但义务有一个不幸的特点就是它的持续性，义务不管尽义务者收入的规律性，履行义务就要有始有终。

一个公司的业务总裁总是在为公司如何渡过艰难时刻做策略规划。从某一角度来说，如果他是一个有效率的业务总裁，他一定会制订出公司在遇到财务困难或股票下跌时应对的方法和策略，能及时这样做，就会使公司的业务危机暂时减少。

有家室的男性若是企业的总裁，那他应该考虑如何像保障他的商业利益一样，保障他的家庭安全。

保险的重要性

保险是解决家庭经营者遇到经济问题时的好方法。如果购买者将购买适当的保险作为消费的一部分，那他就再也不必担心家庭因未受保护而要承担债务。

首先，购买人身保险最大的好处是保险金额足够履行所有家庭开销和经营的义务；其次，如果购买者在没有还清房子贷款之前遭遇不幸，那么他留下的这笔保险金，将会立即被用来支付这个家庭负担；下一步，他有必要购买的是健康和意外保险，这些保险金额将保证他在失去正常的收入能力时，依旧能履行自己的义务，维持日常生活开销。

人们应该好好选择保险公司，这就好比你做生意要仔细挑选投资经纪人一样重要。要与名声和信誉度高的公司合作，并且要签署诚信声明，以保证保险公司所售客户的保险形式最符合客户所需。

管理丈夫的艺术

从以上可以看出，作为一家之主的男性，肩负很多义务和责任。

那么女性呢？在经营家庭财务收入的事宜中，女性又该担任什么样的角色呢？显然佩戴小小黄金带的女性们肩负重大责任，她们最主要的责任就是管理。

当你手里紧紧握着这象征团结的丝带，回忆你第一次佩戴它的那一天，难道你没有一丝安宁与祥和之感吗？难道你和伴侣共同携手走过的岁月此时没有点点滴滴浮现在你的脑海中吗？难道你没有感觉到梦想实现，在家庭这浩瀚海洋中扬帆起航追求幸福的开始吗？你一定感受到了这一切！

黄金带是合作伙伴表明合约签署、意见一致的印章，它象征着合作双方已成功建立公司，携手进行经营。这意味着要建立真正的合作伙伴关系，他们需要团结起来，联手应对外界所有竞争，一方要对另一方的行为负责，双方都要为公司的发展而努力。

我有幸结识了一位出色的女性，她一生成功地经营着自己的家庭。她辛勤培育孩子，与丈夫携手 35 年导航他们的婚姻小舟，从未让家庭的船帆搁浅在沙滩上。

我的一位好友认为，家庭管理的最大障碍是来自妻子的吝啬。她说这种吝啬也是大多数家庭主妇沉溺其中而不清楚的最昂贵奢侈品——服务的吝啬。

她的口号是：如果不实施满意、舒适的服务方针，这世界就没有什么便宜或经济的东西。

接着她指出，阻碍家庭生活发展的另一因素是主妇对物品使用的吝啬，这也是她们在吝啬行为上的另一特点。用最富吸引力的方式把食物呈现给大家，而不考虑价钱多少，这是家庭主妇的首要职责；洁净的餐巾，备至齐全的餐桌，家庭就餐时祥和欢快的气氛，都会使简单普通的膳食拥有豪华盛宴的味道。

下面我朋友要指出的吝啬是针对某些家庭主妇自身而言——

许多家庭主妇吝啬于自己居家时的打扮。事实上这种吝啬的实际支出巨大，因为它的成本是丈夫和家人对你的尊敬和崇拜。

“你认为妻子管理丈夫的规则是什么？”我问我的朋友。

“信任”，她回答道。一个词概括了任何人制定的管理丈夫的规则，世上没有什么其他方法比信任更有效。但是妻子光有对丈夫的信任还是不够的，丈夫还需明白妻子的心意，妻子应该用另一些方式告诉丈夫这一点，而不仅仅是用语言直接告诉他。

妻子要相信丈夫的办事能力——无论如何，让他知道你相信他，这样他自然会竭尽全力不辜负你对他的信任。

据我所知，如果妻子并不总是不断地提醒丈夫不够上进，没有不断地将他们和朋友的丈夫进行比较，至少有半打男人会取得事业上的巨大成功。

我敢大声地说，90%对丈夫失败的指责需归咎于妻子。如果妻子对丈夫足够信任，那么他就不会辜负妻子的信任，他会自动自发地去努力。

管理丈夫你不能耍诡计，妻子应从开始时就步入正确的轨道。如果妻子期望自己的丈夫能像其他人一样出色地完成工作，而丈夫的表现始终不能令妻子满意，使得妻子逐渐启动其自私抱怨的态度，那么妻子该早日觉醒为好，该看一看丈夫是否对你理想中丈夫的模式感兴趣。大多数情况下，当妻子醒悟的时候已经为时已晚，此时丈夫已经不愿回头接受妻子的控制。

有关管理丈夫的事宜中，妻子还不应忽视另外一点，那就是妻子不应指望好丈夫的程度要比自己作为好妻子的程度还要高。

年轻人应该在做事情前就做好规划。

在离开父母时就开始学习经营家庭

我并不太惊讶于这种家庭经营方式会导致夫妻分道扬镳，也不会对每天阅读到的离婚率感到诧异，我想知道的是会不会有更多的人走向分离。追根究底，问题在于很多年轻人在对未来没有任何规划或清楚思考彼此如何相处之前，就匆匆步入婚姻的殿堂。他们脑海中没有明确的目的地，结果最后只能走到彼此都出局。

那么让现在的年轻人在离开父母时就开始学会如何经营一个家庭吧。还有一点，做任何事情起步时也许只用一种方法尝试但之后要不断尝试用不同的方法才能完成它。

年轻人应该在做事情前就做好规划，比如说他们想建立一个什么样的家庭，然后盘算一下怎样用最好的办法才能实现理想中的家庭模式。如果他们有远见，事先考虑好自己将会消费多少钱，以及怎样最大程度地节约用钱，他们就很难因为钱而争吵。我还想直言告诉你们，一个家庭因为钱的问题而争吵过多，这个家庭就不会有太多幸福和前景。

家庭日常消费的潜规则

所有优秀的经理都是出色的消费者。在家中，女人在很大程度上充当着公司销售部经理的角色，科学地减少消费量是她们的职责。

《家庭经济杂志》发表了一篇名为“在篮子里的责任”（With the Market Basket Go Responsibilities）的文章，也许会在如何经济而有效地购物方面，给家庭主妇提供一些建设性和补充性的建议。其建议如下：

女人拎着篮子到菜市场遇到的第一个问题就是价钱，她的大部分开销都在杂货店和肉类市场进行，因为这个原因，她需要充分了解各类商品的价钱。有了信息装备，她才能知道卖主是否多向她要钱了。

作为家庭主妇，掌握价格信息很重要，同时了解什么时候是什么农产品的盛产期也很重要，她会发现应季时购买农产品最划算。此外，避免在卖场人潮高峰时购买商品，趁销售人员不忙的时候买东西，会得到更好的服务。

列出购物清单：在家里列好购物清单会节省购物者和商场销售员的时间。可把列好的商品名称念给销售员听，或直接把单子交其装货。

很多主妇有杂货店或肉品店的订购电话，可在常规时间订货。如果所订货物不能在指定时间送到，或因此耽误了商家对其他消费者的服务，那么这耽搁的时间是要追加费用的，要加在商品的成本中。

最小化送货服务：因为消费者的多种服务需求，导

致商品零售成本很高。简而言之——多服务，高成本，高销售价。很多零售商店因提供过于宽泛的售后服务而倒闭。应减少售后服务，如因此造成损失，只能追加在商品价格中由购买者支付。

由于顾客过多地接触，零售店里大量的易坏商品遭到损坏，这种损失只能加在成本中，从而导致商品价格提高。

回收空奶瓶：瓶装牛奶价格高的部分原因是其使用的可回收瓶子成本高。

检查商品重量和装备：按实际重量买商品，比按盒买或按其他包装买要经济得多。购买时要检查好商品的数量，无论何时购物都要以商品实际重量为基准。订购货物送达时要检查订单，防止错误出现并及时纠正。

以上提供的所有建议，都是为了使家庭购物者改变没有计划、随意支出预算的经营模式而采取的科学经营管理模式。

让我们再重申一遍，预算是一种消费模式，是为了实现有效消费、保证预期结果所制订的方案。所有支出必须要保持记录，否则你就无法确定你在不同区域的开销是否超支，是否控制在计划的范围之内。

主妇作为家庭开销的主管者，实际上掌握了大多数收入支出的控制权，基于此事实，负责开销记录的任务自然应该成为她日常工作的一部分。这项任务既不复杂也不累赘，相反，它能带来很多独特的好处，其中包括确保节俭基金的形成，而它取得的利润可用于扩大家庭商业投资。

第3章

家庭生活的第一年

新婚夫妇第一年的生活

可以称作是地基建造的时期，

在这一年中，

夫妻双方要确定和调整生活方式，

这在很大程度上决定了下一年的

生活是否成功幸福。

奠定长远婚姻的基础

任何建筑物的坚固性和稳定性，都取决于其地基的建立状况。这个道理也适用于家庭及企业集团的经营。

新婚夫妇第一年的生活可以称作是地基建造的时期，在这一年中，夫妻双方要确定和调整生活方式，这在很大程度上决定了下一年的生活是否成功幸福。

很多年轻人想了解，用他们的盈余和储蓄可购买的安全证券种类，从而可开始他们的投资之路，最后走向经济独立。

一般来说，婚姻生活的第一年充满了各种重要的思考，还不是买股票、买债券或投资任何形式证券的时候。相反，在这12个月内，一定要有盈余和储蓄，要树立安全平稳的意识，避免不寻常的开销。

这一时期唯一可考虑的投资是健康、意外和人寿保险。

将其他所有的积蓄存在银行中，将来一定会发现它们的最大价值。第一年的储蓄必须具有“流动性”，这就是说，储蓄起来会赚得利息，同时储蓄还应肩负起随时有效支付突发事件的责任。突发事件总爱发生在婚后生活的第一年。

建立爱巢是一个真正明确的消费。

建立爱巢是一个真正明确的消费，即使你的新婚住所是已经装修好的房子或公寓，你也有必要准备理财金以备未来投资之用。养育孩子不仅是再自然不过的事，也是大家渴望实现的事。夫妻已经准备好孩子到来所需的支出，手头有足够孩子所需的费用，那么孩子的诞生就是令人欣喜的。

新婚夫妇只有已经预先做好计划，用心调整好生活状态，他们第一年的生活才会有盈余去投资。

打造自己小窝的必要性

很少有人能幸运地在成家后得到他人提供的住房。住房是我们建设家园首先要考虑的事，我们打算住在何处？住所所有权是不是我们的？住所应该是一套公寓、一个酒店宿舍，或者仅仅是几间房间？通常年轻人解决这个问题并不是建立在仔细权衡利弊、优先考虑必需品，或者他们有能力支付什么住处的基础上。结婚第一年住房的消费支出通常是太过头的，这主要是因为年轻人已经忘记了古老化装游戏的乐趣，相反，他们试图借用虚假的化装术欺骗他人——他们只是想炫耀，而不考虑现实生活是否必要、是否负担得起。

如果条件允许，婚后第一年夫妻俩最好在自己的小家中生活——和父母同住的益处很少。正如一些人所说，当两个家庭不得不挤在同一个住所生活，那么一个屋檐要容纳两个家庭，一定不够大。如果鸟儿的翅膀长硬了，可以独自飞翔，那么他们就要学会建立自己的巢穴。

但是开始时，这些巢穴不需要毛皮的装饰。有趣的是，开始时年轻人竭力使人相信自己的小窝是装饰豪华的，但后来便逐渐走向现实。只有那些没有头脑的人才希望刚组建家庭的年轻人，拥有已经经营了几十年家庭生活的人居住的那样完美精致的居所。

诚然，年轻男女在朋友或熟人面前展示自己的优势是很自然的事情，他们认为要完美地展示珠宝，选择适当的场景是很必要的。年轻男子在求爱时，总是爱轻易地对未来的美好舒适做出承诺，而这些承诺总是说出来容易做起来难。当然不能完全责怪年轻人要努力实现承诺的行为——现代商业贸易流行简便贷款、延期付款，要实现未来美好生活所必需的物品，也不是很难办到的事。

在婚姻初期，即第一年，对这种美好居所的渴望，以及布置居所使用的展示程度高于舒适程度的物品追求，是造成整个美国年轻人铺张浪费的主要原因。把握良好的生活限度，是经营美好生活的必要因素，因为如果我们保持一种低于我们支付能力的生活水平，那对我们自己是不公正的，但也根本没有必要艰难地维持着一种超出我们能力或身份之上的生活模式。

限制对分期购物的欲望

婚后前 12 个月的生活开销需本着“只买必需品”的信条，

新婚夫妻尤其要限制自己对生活用品的购买，特别是用分期付款的方式购买。

鲁凯泽（Merryle Stanley Rukeyser）（译注：美国金融家，作家）在“货币与投资的普遍意识”（The Common Sense of Money and Investments）一文中概述了有关消费分期支付计划的三条准则，为年轻人在婚后第一年实现明智消费提供了建议：

> 第一，如果你有能力用现金支付商品，请不要使用分期付款的方式消费，因为信贷费用昂贵，买房需支付其全部费用。
>
> 第二，限制使用分期付款方式购买至少在付款期间其利润会扩大的商品。例如用分期付款的方式购买戏票就不经济，但用这种方式购买永久性商品，如房子，甚至是钢琴，那就比较合理。
>
> 第三，如果非要分期付款，要预防不测的事情发生，比如说时间的损失将会减少你的收入。换句话说，不要把你当前或预期的收入做抵押，除非是为了应付突发事件，比如说治病或做手术之用，但仍要留有充足的余地。

分期付款的购物方式有许多益处，无疑它为提高美国普通民众的生活水平作出了很大贡献；但另一方面，分期付款购物计划给年轻人带来一定的危害。从理论上说，这一计划使得很多收入较少的家庭实现精致和奢侈的生活，从而提高美国民众家庭生活水平；而与此相反的是，“轻松支付”的政策会引导那些收入与消费不相称的挥霍无度的消费者陷入超支和负债累累的生活中。

生活好并不仅仅取决于家庭收入的多少，还由收入的消费方式所决定。有时候，一个人使用“轻松支付”的方式购物，就容易陷入奢侈消费或非必要购物的趋向；另一方面，用分期付款的方式支付永久性或半永久性商品并没有错或不恰当。

运作分期付款方式卖东西的生意人意识到他们面临的险境，包括长时间支付的成本、搜索稳定信贷的必要性、较高的搜集成本、因买方未如期支付分期款项而买回商品的费用，以及许多其他延期付款需缴纳的费用，这些费用必须通过市民购买才可付清，所以通过分期付款方式购买的商品，显然要比用现金或信用卡购买的同类产品价钱要贵，或者产品质量要低。以上这些都是年轻夫妻在婚后第一年购物中不应忽视的。

婚后第一年是开放的一年，是起始的一年，也是为成功铺设快捷方式的一年。“成功没有秘诀”，亨利 · C. 弗里克（Henry C. Frick, 1849-1919）（译注：美国煤矿大亨）说，“成功需要艰苦努力地工作，需要随时奉献于你的事业，无论白天和黑夜。我很穷，所受教育也很有限，但我很勤奋，不断寻找成功的机会”。失败就是一个人发现一件很有用的事情，但他却早出生了 50 年。然而现在一个人能发现的最有用的事情就是学会存钱，明智地开销，避开债务，特别是在第一年你的收入要支付各种不寻常的生活需求时。

家庭
理财经

为爱家的人量身打造的
财富手册

HOW TO
FINANCE
HOME LIFE

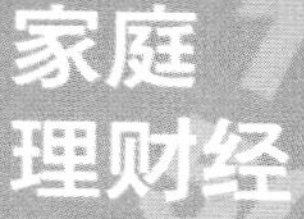

第 4 章

养育子女的家庭计划

成功的家庭理财显示，

抚养子女以及子女教育

应该像其他消费一样，

有固定可靠的基础。

以充足的准备迎接新生儿到来

孩子影响着整个家庭生活的轨迹。家庭是他们的主要支撑，因为如果没有家庭，没有充足的资金，我们就不能好好抚养孩子，使他们成为优秀的人才。

成功的家庭理财显示，抚养子女以及子女教育应该像其他消费一样，有固定可靠的基础，你可能需要以缩小房子的扩建规模来支应；规划增加收入的方法和手段以增加盈余；寻求剩余资金转投资，以取得最大的效益与相称的安全途径；或当我们不能工作时，为了经济独立而应趁早做准备。

因为这些都是实际的，我们为孩子收集关于他们成长发展的明确事实和数字是非常明智的。这些数字的收集来自可靠源头，适用包括美国在内的普通家庭。

虽然给定的数据需要一些修改，以满足不同家庭的不同条件，然而，就整体而言，它们将是优秀的辅助指导，读者可以放心，这些估算都是可靠的平均数，经过了必要的、仔细的研究和调查汇编。

期盼婴儿降临是一件令人高兴的事情，
但如果没有为此准备好足够的资金，则情况就会相反。

期盼婴儿降临可能是一件令人高兴的事情，但如果父母还没有为此准备好足够的资金，这可能变成一件令人担忧的事情。

根据一些大型医院、医生和销售儿童用品商店提供的数据，以及来自著名福利机构保留的费用记录，要顺利迎接一个婴儿降临世界，最低费用是 275 美元。所以，想热切成为父母的家长，在孩子降临前必须计划存够至少这个数目。

事实上，如果手头没有 300 美元就要孩子，这种行为很愚蠢。而这意味着，准备孕育子女的前一年，每月应至少预留 33 美元给未来的婴儿。

根据先前的预算数据显示，这几乎等于月收入 150 美元者的所有储蓄和预付财产、薪水是 200 美元所有预付财产和五分之三的储蓄、月薪 300 美元所有的预付财产。往前回顾一下，“预付财产”是基于清单要求拨出的款项，包括医疗护理。

还有一点人们必须意识到，第一个孩子来临时，不要总采取成本最低的照顾。预留的钱越多，孩子到青少年时所受到的照顾就会越好，父母以后的日子就会越舒适越安心。

这似乎是一个非常简单的事情，以精确和具体的数字表示养育孩子的成本。但事实上，这集中了成千上万职场人士的经验和看法，但估算的资料仍不可避免会随着调查人数和机构的变化而改变。

作为救世军的福利组织似乎已经做出了大量的案例汇编，以确保在明确的基础之上给公众一个准确的开销数额，并提供了以下平均最低成本。

据估计，孩子最开始六个月的生活、粮食、服装和装备的费用，每个月将不低于 25 美元，这还不包括治疗疾病的费用。在接下来的 18 个月，或者直到孩子 2 岁，每个月的花费可能会略为减少，但这种减少是非常轻微的。当然，这些都是美国家庭儿童平均的最低开销，在头两年，据同一医疗机构的医师估计，每月应拨出最低 5 美元的费用以支付疾病医疗。

因此，可以看出，在抚养孩子的头两年，最低费用应该是每年 360-720 美元，或每个月至少 30 美元。

教育是笔很大的开支

随着孩子 6 岁，根据细心家长总结的资料，该是父母亲为孩子未来的成功展开计划的时候了。

几乎总有一些雄心勃勃的计划，为孩子以后完成大学课程做好提前思考和打算，或者，通常是父亲想要从事某个行业但未完成心愿，希望自己的孩子能够去完成。

没有人否定教育的价值，如果你准备打一个成功的人生战役和在经济独立的游戏中取得胜利，上大学是人们通常都会想到的途径。

在大约 18 岁时，孩子就准备进入父母苦心计划的大学接受画龙点睛的教育。但是，大学课程需要耗费金钱，有比现在更好的时间来进行规划投资吗？

当然也有许多上大学的孩子是通过个人的努力，没有父母的任何帮助，这当然是可以做到的，过去就有很多这样的例子，未来将会更多。但是许多男孩女孩把上大学完全当成一种义务，失去了许多大学生活的理想，而这种理想在以后的岁月中意味着很多东西。

让我们来看看大学的费用。在州立学院的学费可能被免除，但图书馆、实验室使用费和其他费用每年需 100-200 美元，还不包括住宿和衣食费用；在其他大学平均每年的学费最低需 150 美元，因此，四年大学生活必须有 400-1400 美元的预留费，不包括衣服、食物和住所的费用。因此，可以看出，大学生活每年至少需准备 500 美元，如果有 2000 元基金，学生就可利用这期间进行研究和学习。

这当然不是什么大问题，但父母期盼的金额是每星期 1.58 美元。那么，为什么不能让它成为一个单独的财务项目，创造一个寄托希望和信心的基金呢！假设银行中每个月有 6.25 美元的存款，从中抽取 4%，每半年合计，这样就会成功。确切地说，它将达到 1986.02 美元，其中 634.02 美元是利息。

这谁都可以做到，甚至比这做得更好。10 年后，基金将达到 929.25 美元。已接近 1000 美元大关，爸爸会发现可以轻松地将 70.75 美元退出储蓄账户，把钱投资在一些安全和保障的地方，以便获得更大利益。或者，更好的是可以继续进行储蓄，直到第 15 年，金额将达到 1549.3 美元。然后，这可以展示给即将成为大学生的年轻人看，他必须在未来三年内赚取其余的

450.7 美元，让他知道，要上大学就是这么现实。随着对他的这一责任，不仅使孩子能接受更好的教育，而且使他学会感激，学会在开支之前了解储蓄的价值，这些资金将产生更大的效益，无论他是在大学或进入了职场。而且，假设该学院的课程费用出于某种原因与预算矛盾，那这 2000 美元资金应正确地使用，确保大部分的预期目标能顺利完成，并保证在 50 岁之前经济独立。

保险理财计划

还有另一种可影响结果的计划，这个计划可以满足家长的要求，因为即使父母没有继续每周存款，也会有学院的资助作保证。这一计划被称为递延养老保险政策，可从有信誉的保险公司得到保障。

以最低 2000 美元的学院基金为基础，我们得到以下的数字，这跟所有估算几乎相同。

如果父母的年龄是 25 岁左右，某一方购买一份递延养老型寿险保单。在这个年龄段每年的支付费用是 111.14 美元，也就是每月 9.26 美元或每周 2.32 美元，持续支付 15 年，这就意味着总保费将达 1667.1 美元，而这能在保单有效期内为他提供生活保障，且留下的现金除去保险功能达 332.9 美元。

父母采取这样的计划是为了供给孩子大学教育，在 15 年期满后的任何时间，该款项将满足孩子的就学费用。这些款项可以

做任何形式的安排，扩大至孩子四年的大学生活。父母一般都每三个月支付 125 美元，让孩子在此期间每年有 500 美元的基金。

可以正确地说，每年 500 美元虽不够大学期间衣服、房租、学费及所有其他杂费的支出，但它往往证明如果辅以学生个人的收入和储蓄，将不会有任何严重的经济压力。

虽然这个养老计划的利息收益不如银行每半年复利一次的4%的利息，差额是 117.8 美元，但保险的功能被认为值这个差价。

孩子求学期间的消费支配

养育孩子 2-6 岁的费用并不容易计算，因为这些费用一般都掺杂于日常的家庭生活，父母很难将其与一般费用区分开。

经过前两年，直到孩子进入第一年级，这时就可以较好地去设定每个孩子每月平均 30 美元的最低费用。这个数字只是必要东西的费用，如食品、衣物和医疗护理等等，并不包括消费、玩具和娱乐等项目。

到了就学年龄，有必要开始考虑孩子逐渐成长的平均成本。

在文法学校的第一年费用是最低的，一般最低的平均费用为每月 30 美元，这个数字包括食物、衣物和必要的学校费用，如书本、铅笔等，但不包括如娱乐消费、午餐或类似性质的其他费用。

渐渐地，孩子一年一年长大，养育成本会呈上升趋势，随着越来越多必需购买的书籍和衣服，直到第七和第八年级，平均每

如果必要，可以允许孩子消费一定的金额。

月最低45美元左右。除了家庭费用，即食物、衣服和校外用品等，专家建议通常在8年制的文法学校教育费用每年约为80-90美元，在4年高中期间，每名学生的平均花费是每年200-250美元。

从我们搜集的信息判断，正常家庭的孩子在高中时的花费比在文法学校时多，无论是男孩还是女孩，服装成本变高，餐费也从45美元提高到50美元。而据估计，高中阶段女生的花费会比男生每个月高15美元。

因此，安全估计是高中阶段男生每年的最低花费是800美元，而女生是980美元。但请一定记住，不论男孩还是女孩，相比那些一切都提供好的学生，谁自己能赚取这部分费用就是更好的学生，他们学得了更多学校以外的课程。

孩子个人的消费金额也可以被允许，如果这对孩子是必要支出的话。这就是为什么幼龄儿童在学前和就读文法学校期间允许拥有零用钱，这在某种程度上也是满足孩子在普通家庭生活中所遇到的希望和要求。所以，很多小孩子都有零用钱。但是，这笔费用，不论其大小，应该由家长监督，并为孩子提供一些指导。

让孩子树立节俭意识的妙法

由银行关注和培育的洛杉矶学校储蓄协会，做了很多儿童节俭教育的努力，并显示出这些存放在银行的部分资金的价值。这个协会去年的报告显示，56427个积极储蓄户为在小学和文法学校的孩子们做出了总额达 624838.27 美元的储蓄，平均每个账户为 11.07 美元。毫无疑问，这优异的表现可能会更好，如果父母愿意把孩子们花的便士和硬币交到他们自己手中。

前面所述的储蓄代表个人的营利能力和努力，而成功的学生利用课前、课后和星期六赚得的积蓄，被总结成一份打工种类的列表。

这个表显示了男孩受雇于 25 种不同形式的手工工作，男孩和女孩合并总共有 20 种从事农业方面的工作。各种形式的学生打工被总结成一个有 23 个种类的清单：自助服务 16 个；家庭经济活动女孩有 5 个；手工有 3 个分类；5 种护理和其他 6 个特别的学生赚钱方法。这里一共有 103 种方法，都是根据在校生或者他们的银行储蓄账户调查总结出来的。

此列表不包括由父母溺爱或亲友处收到钱的这种最普遍的方式，无论是作为一个明确的补贴，或作为礼物时，都不列入记录保存。

家长们看起来对孩子在学校第一年就赚钱有不同的意见。反对者认为，过早打工会减少儿童健康的娱乐时间；但多数家长认为，从孩子小学后期直到高中，不论赚多少，自己努力打工赚钱的经历都会给孩子很好的人生经验及锻炼。

一个考虑周全的子女教育预算计划，不仅要考虑到小学，还要顾及高中和大学，因此，父母必须有一个长远计划，这个计划在孩子年幼时开始更容易完成，这样才能有更多时间来完成计划，每个月的平均支出就不会那么多。但是，在父母的计划进行的同

时，也该培养儿童正确的价值观、理性购买和节俭的习惯。

6 岁起即可进行理财教育

儿童理财教育在其 10 岁生日前开始比较好。现今，几乎所有儿童在开始上学之前都能得到最低限度的零用钱，所以大约在 6 岁之后、10 岁之前，这四年的时间父母可以开始对孩子进行理财教育。

如果这四年时间被用来进行理财教育，那么孩子在 10 岁就可以成为一个小小投资人，将比那些毕业后才开始学习理财的孩子更接近成功，在学校也能拥有丰富的经历和实用的金钱价值信息。而大部分没有尝试给子女做理财和投资基础教育的父母，都是因为他们比较懒惰。

几乎所有正常的父母都很乐意教孩子生活必需品的使用方法，但是，有一个工具，我们所有人都使用它来建设幸福家园，父母却不便干扰孩子如何使用，该工具就是金钱。而自相矛盾的是：我们越是多使用这项工具，就越少告诉孩子如何使用它，这也就是为何富裕家庭的孩子很少关心金钱的价值或如何赚钱的原因。

然而，这知识其实很容易传授——如果我们有兴趣教育孩子如何使用这项工具，只要孩子开始注意事情，并为自己做决定时就可进行，这可以从消除礼品类的开支开始。事实上，家庭收入的一定比例属于孩子，因为他们是家庭的一分子。当孩子的理解

当孩子明白钱是要靠付出劳力等形式换取的，
那就成功学会了理财的第一堂课。

力逐渐成熟，自然需要考虑关于家庭生活的某些职责，像是以少许津贴作为某种服务或职能的奖励。

当孩子明白钱是要靠付出劳力等形式换取的，那就成功学会了理财的第一堂课。这堂课必须学会，否则无法接续下去，因为如果孩子没有意识到钱主要代表人们的努力和劳动，就不能进行正确估价。

在教孩子金钱的价值、如何花钱、怎样保护它之前，孩子必须有一些钱用来做一些事。那就是对孩子的某种服务补贴一定金额，并且定期支付给孩子，除非孩子不能学会储蓄的价值、累积储蓄、创造价值和执行合理的采购计划。

依据父母的要求花零用钱显然对孩子是不公平的，这将会造成一个“乞丐儿童”，每一个奖励的礼物只会使孩子更贫瘠；任何一个豪华而不需付出努力的礼物，都将使孩子以后不愿付出劳力来赚钱或妥善运用金钱。

一分付出，一分收获

孩子金融教育的第一条基石是自己的收入——某种他可以明白的赚钱途径，但这一收入要这样安排，虽然孩子在某个规定的时间将获得它，其收入将取决于孩子呈现自身的服务知识，但并不包括这种，“现在，威利，安静！等妈妈说完这个故事，就会给你一角钱”。

儿童敏锐的心灵能快速发现任何形式的欺诈行为，他不久就会发现是否真的有延长服务的价值，或者父母为了达到目的是否耍花招了。一个明确的收入、定期给付、诚实赢得，是建造孩子理财教育的磐石。

孩子享受期待的乐趣。如果将未来的快乐适当暗示给孩子，你会从他们的眼中发现，他们会更加努力和仔细地去完成工作，比成年人更有效果。孩子会比完成同一件事的成年人更诚实、更节省。

如果一个小男孩喜欢假装自己是一个大生意人，为什么不利用这种好感然后教育男孩如何让游戏成真。要向他展示，首先，他的“津贴”就是金钱收入，是诚实赚得的，会定期给他，并算算看一段时间会累积多少钱。如果他知道每周能得到 25 美分，到年底时就能累计 13 美元，有这 13 美元在手时，他就能做很多大于个别季度可以完成的事情，那么他将倾向于完成更大的事情。

女孩的问题也没多大不同。她只知道她的母亲是个很好的女人，而母亲为什么令人钦佩，这恰恰是女孩不清楚的。其实无论是母亲还是父亲，要让女儿知道母亲之所以伟大，其部分原因在于母亲是一个持家能手，要做到这一点并不难。当女孩知道这一点，她也会采取母亲料理家务管理钱财的方法，这样就可以实现全年家庭财政收支的计划。

告诉孩子把钱存在银行是很多家长为子女所做的金融教育，至于储蓄为什么是一件好事和该如何收取利息，这些事情该留给青少年自己去发现。

可以在家玩一个小小储蓄银行的游戏。

没有孩子会热衷于把钱存入银行——即使是家里的小银行，除非将储蓄演变成带有某种奖励的游戏。银行这个大型建筑的大理石和青铜，本身并不吸引青少年，这种华丽的结构反而使青少年感到恐惧。

如果未来财富累积的基础是养成储蓄的习惯，如果父母有90%的责任为孩子养成习惯，那么，我们可以在制订办法时花一些时间，我们可以注入愉快的游戏精神，换取孩子未来经济的独立。

可以在家玩一个小小储蓄银行的游戏，利用竞赛的方式，看看哪个孩子能在最短时间内存下约定的金额，或是某段时间内谁能存最多钱。储蓄从小家银行转移到大银行可以制订一个详细的游戏规则，其中，去银行存款可以把它当成一个度假娱乐，添加任何娱乐项目，只要父母认为明智合理。

当年轻人明白了银行是处理便士、住宅和美元的地方，学会通过银行为他们带来更大的利益和生活住宅的繁荣，且通过储蓄学会如何负责他人的幸福，那么他们就能发现节俭的另一个好处。

家长们可以用一个有趣的方式向孩子解释这些，并且在解释的过程中提供另一个培养财务独立的原因。至于如何有趣地向孩子讲解则是每个父母致力自我提升的事情，而不同的孩子可能需要不同的解说模式。

父母可以告诉未来的小金融家们，如何从银行取款后出借给同一城镇的其他人，这样人们就能用它来为自己或孩子建立一个家。那么，借钱的人就用借来的钱支付给建造他新房子的木匠，

然后木匠又把钱带回家；如果木匠家的孩子节省了一些钱，这些钱就又会存入银行，然后再帮助其他人建立家。当考虑到这一点，小小金融家在看到新家建设过程中的每一处，就会感觉有自己的专有利益。

接下来就是对借款人使用资金及银行收取利息的解释，那就是银行将存款人的钱整合后借出，以获得额外的收入，然后再付给储蓄户一定的利息。当孩子被鼓励节约，知道他的储蓄对社会的发展有所帮助：如何储蓄便士和美元，投入其他人快乐的家园建设中；如何帮助他人装修房子、建立电力设施，或如何帮助他们购买材料和劳力。这样，这个孩子便获得了社会制度是如何组织和运作的一个基本了解。

利用既有资金进行安全投资

由于四年时间的培养，储蓄的习惯已深入孩子们的心，孩子累积的钱和银行利息也越来越多，家长可以找个时机给孩子第一个投资选择的指令，展示它的保证收益可以比银行利息多。

安全的投资道路需要父母指引。介绍孩子去信誉良好的投资公司，父母会从中得到很大乐趣，这些公司销售的产品包括婴儿债券（baby bonds）。或者，这可能更合乎逻辑，告诉孩子将资金放在证券公司和贷款协会的价值，这将比储蓄银行有更大的获利能力，而且他的资金将和家园建设的关系更为密切。

证券公司和贷款协会是从种类繁多的投资计划中筛选出来提供给年轻投资人的，这是资金存放安全的地方，且更多了一些附加价值。该公司的理财计划要求资金存放有一个定期系统，这样才能合理有序地安排一个孩子的金融事务。

此外，如果孩子彻底接受建设和贷款的想法，那很久的将来，孩子意欲为自己建立一个家，他就能对房屋建设充分理解，且信用评等将有可能为孩子争取到最有利的借款条件。

杰出的经济学家们一致认为，我们应该开始训练孩子自己处理钱财，即使在他们还没达到青春期的年龄。支出和储蓄之间适当的平衡是最难的课程之一，教育工作者都同意，课程在幼年更容易学会，尤其在孩子发展早期循序渐进的教导，最困难的课程也会变成一种常识。

经家长提供的早期教育，有90%的孩子能达成经济独立的目标。

家庭
理财经

为爱家的人量身打造的
财富手册

HOW TO
FINANCE
HOME LIFE

第5章 家园建设

理财成功的家庭会考虑到很多事情，

房地产的挑选就是一件非常重要的事情。

爱家也是一种爱国主义的体现。

快乐家园计划

好好计划建立家园中的任何一件事比其他事都让人感到由衷的幸福。在今日，在经过慎重考虑所选择的地点来建设我们的家园，与过去在墙中挖一个洞穴、以干草和动物皮毛为装饰所建的家园大为不同。

今天，我们不再如此容易解决家园的问题，而必须考虑到很多因素，有一些很细小的事情能够增加我们的幸福感，或者严重影响到家庭的舒适和宁静。

理财成功的家庭会考虑很多因素，房地产的挑选就是一件非常重要的事情。从实际或者潜在价值的角度，或者基于决定理财方法来看，尽管价格必须被考虑在内，但是房地产挑选本身比价格更为重要。

房屋建造是另一件重要的事情，包括规划、舒适度、便利度以及成本等。家园建立者在购买时有许多方式可以利用，当他们没有认真告诫自己正确的保护方法时，即使在未启动阶段也会蒙受巨大损失。

家园的拥有者即投资人，如果他能找到一个满足个人爱好和需求的成屋，这与根据自己的计划去盖一所新房屋，两者之间没有什么本质的不同。投资人也是财富的创造者，他还能够增加他所居住的小区资源。这个家能让他感到安全，能够躲避外界的苦难，这种功能没有其他地方能取代。

家园的主人在他所居住的小区将占有一席之地，他被视为固定公民。如果在选择住家地点和计划建设家园时足够认真，随着时间的推移，当一座房屋被赋予幸福和舒适的记忆时，它便成了家园，这一点是租房者无法享受到的。

房地产的相关知识

建造一个家园涉及不动产的所属问题，建造者必须找一个可以建造房屋的地方，像许多其他商业的特定形式一样，不动产所占地方有它特定的称谓。对地产感兴趣的人多了解一些相关术语的意义能对其有所帮助，这种理解往往被证明是对宝贵资源免受损失的一种保障。

那些常用术语的定义简单而又非技术性，对此，我由衷地感谢洛杉矶律师 R.C. 皮克林先生，因其丰富的实务经验使信息更加准确，他的解释如下：

房地产经纪人（Real Estate Agent）：即代表不动产买者又代表卖者，协议应该以书面形式签署，该协议按照法律授权经

纪人在收取佣金的基础上能够从事房地产买卖。

合约（Contract）：在两者或更多人之间应该做或者不该做的特定事情形成协议，当合约涉及不动产时必须是书面形式。

选择（Option）：在一定时间和一定价格范围内，财产所有者和接收财产所有权的人之间的合约。要购买地产必须要支付选择费。

转让（Conveyance）：任何影响不动产所有权的书面数据，包括为不动产创收利益、履行财产义务或处置财产。

契约（Deed）：将不动产或财产的利润由一人转给另一人的书面证明。契约的种类有很多种。

授予契约（Grant Deed）：通常财产被公认为担保契约而被转换，或者是产权明确的契约。加州的法律规定授予契约只要隐含担保契约。

弃权索赔契约（Quit Claim Deed）：当财产对某人来说有明显的利益可得时，这种契约通常用于澄清产权。契约为收益人而确定，以此放弃权利或索赔。

税务契约（Tax Deed）：当财产的合法所有者不纳税，那么产权可由相关司法办事人员转让给已纳税的购买者。以这种方式获得产权的财产被称为“税务产权”。

信托契约（Trust Deed）：这种契约用于保证债务偿还，或者如果财产出售者没有还清债务，该契约会给予出售者出售权利。信托契约常常用于抵押债务。

担保人（Grantor）：制作契约的人。

被担保人（Grantee）：契约制作的对象。

抵押契约（Mortgage）：支付债务时为确保财产安全所进行的书面法律声明。如果债务没有偿还，抵押契约的持有者有权出售财产，但是制作抵押契约的人有权在一年内从销售者手中赎回财产。

抵押人（Mortgagor）：为保护财产而启用法律声明的财产所有者。

抵押权人（Mortgagee）：按照其利益制作抵押契约的人。

租赁（Lease）：授予某人的财产拥有权，或者在一定时间段或特定条款和条件下财产使用权的合约。租赁超过一年必须要作成书面文字。

出租方（Lessor）：将财产出租给另一个人的人。

承租方（Lessee）：财产出租的接受者，承租方被称为佃户，出租方被称为业主。

分租合约（Sub-Lease）：当承租方将租来的一部分财产租给另一人形成的合约。如果在同等条件下，承租者把财产所有者的财产转租给他人，这种交易行为被称为租赁转让。

委托书（Power of Attorney）：授权一个人在另一个人名义下行使行为的书面文件。制作授权书的人被称为委托人，接受授权书的人被称为代理人。有关房地产事宜的委托书必须有记录备份。

商榷（Consideration）：将钱或其他有价对象从某人手中转到另一人手里时，两者之间所签署的合约。

佣金（Commission）：支付给代理人或经纪人有关制作和完成协议的服务费。

确认声明（Acknowledgment）：某个人在司法人员如公证人到来前签署的协议，或其他有关“确认”的文件，以此宣布这是他的行为。大多数说明必须在文件备份后才能被承认。

公证人（Notary Public）：法律授权一个人享有证言权、抵押权等。

债权（Encumbrance）：税金、估价、留置权和其他所有关于财产的索赔权利。

留置权（Lien）：在进行财产索赔的法律过程，可作为债务支付的安全保障，诸如建筑师对其工作或材料的使用，地产供应持有的税务留置权、抵押留置权等。

建地（Homestead）：中央政府和某些州有关建地的法律对人们申请定居在某地作了规定，大意是有意在此地居住的人要做出意图申明，并根据法律条款的规定改善环境。当这个声明已得到明确备份，并且具体的改进措施已在实施中，土地的产权才可授予建地者。

转移（Transfer）：财产权由一个人转移到另一人手中。

普通共有（Tenancy in Common）：当两个或两个以上的人同时拥有土地或房产权，但各自拥有不同的产权项目，他们获得的利益可能会在价值和规模上存在差异。他们获得产权的模式不同，但他们共同拥有所有权。

共有财产（Community Property）：这是一个经常被诉讼

的主体，因为有时很难准确区别公共财产和个人财产。它是在婚姻持续阶段夫妻一方可获得的财产，但并不以独立财产的方式获得。法律规定夫妻任何一方在婚前拥有的财产及个人单独接受的赠与和继承的财产，或者以后会由后裔继承的财产都属单独财产。

产权保险（Title Insurance）：标明房地产权所属的合约或文件，文件中还要保证其所诉的产权和信息要准确可靠。

产权证（Certificate of Title）：一份为确保公务人员对产权的记录和产权实际状况是吻合的文件。这种文件常用于各州对抽象产权的解决。

托伦斯产权（Torrens Title）：根据托伦斯法律规定，不动产所有权和转让权的处理方式和对一辆汽车产权的处理方式基本一样。产权证要有记录，所有者手中要持有一个副本，以便出示产权的真正状况。当托伦斯产权得到应用后，无论产权证还是抽象产权都变得不重要，因为托伦斯产权证上写明完整的法定所有权。

上述定义会给家庭经营者在购买不动产时，对常遇见的一些术语奠定理解基础。

资金来源

家庭所有者除了要具备很多理想性，比如不断累积以应付暂时的房租、施行全方位家庭幸福措施、抚养孩子健康成长，还要有现实的资金优势。

当一个人停下来思考几年中支付租金累计的总额，就应该认为越早花钱建设自己的家园越好。让我们一起来看看下面的数字，它们显示了租房子的人有可能在合适的时间购置一块地皮，筹划建设自己的家园。

让我们想象一下把支付房租的费用拿来做可赚取 6%的投资，而且利息是复利。这样的投资一点都不难找，估算这样的投资我们并没有放大我们的想象力。

即使是小家庭，每月支付小别墅或小公寓的租金低于 50 美元也是不常见的，10 年的租金就会累计到 7904.4 美元，15 年就会增至 13956.48 美元；每月租金达 60 美元是常见的价格，这样 10 年下来总数就是 9490.08 美元，15 年就会增至 16758.58 美元；有很多人每月支付房租达 70 美元，这样的人，10 年的房费可自置价值为 11071.76 美元的居所，15 年可达 19551.68 美元；每月房租为 80 美元，10 年的房租总数就是 12653.44 美元，15 年达 22930.96 美元；但如果你是属于每月房租为 100 美元的阶层，10 年的总价就达 15816.80 美元，15 年就是 27930.96 美元。

这些房租价格数字是指 10 年和 15 年的累计价值，因为对家庭经营者来说，目前的资金支出方法，使工薪阶层有可能进入轻松消费的生活模式，这种模式可允许他们在这一段时间内完全而明确地拥有属于自己的房产。

合作公司已使那些短期内有足够存款的人有可能拥有自己的家园，即使他们可能没有任何特殊的储蓄基金足够支付头期款所需。

旧的家庭融资公司要求家庭建设者必须要有属于自己的地皮，并且已有一笔资金用来支付建设房屋所需的第一笔款项。但建设者已拥有完全明确的地产权并不总是那么重要，地产权清晰后常常会有更安全的条款需要满足，还需要有足够的自有资金用来支付合约上的第一笔款项。

和家园建设融资企业签署的这些建筑合约，最大的优势是在房屋开始建设前，整合资金支出安排都会完成。

地产的选择

当我们为自己的家园建设制订计划，或者我们想要购买一处地产，让我们先做做下面的简单测试。

首先，让我们先了解一下什么事简洁而富吸引力。简洁从不意味着单调，简洁永远都不会过时，怪异的风格可能会流行一时，但随着时间的推移，它会令人们审美疲劳而过时。让我们记住，只有我们一年 365 天在房子里幸福地居住，这样的房子才称得上是好房子。

邻居是一个重要的考虑因素，我们应仔细考虑一下邻居的情况，邻居是否是你愿意交往和了解的那种人。我们必须考虑一下毗邻的人及周围的境况，住在和自己志趣相投的人周围，比住在和自己同类人隔绝的地方，家的温暖程度要高出两倍。

房子周围的境况是否令人满意，或者它们有没有改进的可能，

房子周围的境况是否令人满意?

包括草地和庭院，灌木林和花丛的状况。这些都是建设家园需要考虑的一部分。

采光度怎么样？光线是照射进客厅还是卧室？夏天在厨房里做饭是否会感觉热？幸福家园是需要阳光的，但无论是日照时间还是场所都要恰当。随着采光问题的出现，伴随而来的就是通风问题和交叉通风问题；从餐厅或享用早餐的地方望去，眼前是否有怡人的风景？这样的风景能否增加食欲？

房屋的格局布置是最重要的，不仅要让家务实施起来简单，而且要使每个家庭成员都有隐私空间；此外，房屋格局规划是否不需经过他人的房间就可直达洗手间？有足够的壁橱和储藏空间吗？六房的屋子至少要有四个大壁橱，其中一个要有能容纳树干那么大的空间，或者还需有一个小梳妆台。

这个家是否能使每一个家庭成员都感觉居住舒适：每个人都喜欢返回家中；每个人是否愿意将自己的朋友带回家中；是否是一个舒适而令人骄傲的居所？这些都是建设家园时要考虑的重要问题。

“需要花多少钱才能买得起一栋房子？”这是想摆脱“租房”，步入一个新生活世界的人们持续不断提出的问题，拥有属于自己的房子可增加人的自尊感。我们发现，这个问题问的次数越多，那么真实的回答就越多，从家居生活中找寻真正快乐的人数就越多。

很多研究者经过仔细分析家庭经营的各种事件，一致认为购买房子的总额不应超过购买者准备的 10-15 年的开销；一般来说，一个人支付房子的费用应与自己年薪的 1.5-2.5 倍相当。

这个家应该能使每一个家庭成员都感觉居住舒适。

具体来说，一个人如果年薪 1500 美元，那他支付房子和土地的费用就不应该超过 3000 美元，其中应支出不超过 400 美元的地段成本费，留有 2600 美元支付房子；年薪能确保 2000 美元的人，平均来说，支付房子和土地的费用不应超过 4000 美元，800 美元支付土地成本，3200 美元支付建房费用；收入为 3000 美元的人，土地成本应控制在 1200 美元，剩余 4800 美元作为建设房子的费用。

在考虑我们的收入能支付起多少价钱的房子时，我们还必须记住，在支付房子的同时，我们每年还需为房子支付其他开销，这笔开销应是土地成本费的十分之一左右。所以，如果你拥有一个价值 5000 美元的土地，每年你至少应留出 500 美元支付诸如房屋维修、税款和保养等项目的开销。

在进行房子投资之前，精确估算房子的成本以及以后每年它的开销是明智之举。不同区段房子在建筑和税款的成本都不一样；其次，如果一个人购买房产的地方对街道、人行道、下水道等措施还没有配备齐全，那么他以后就要花钱分担这部分成本，要经过慎重评估再做决定。

超出自己能力的消费是错误的

美国商务部在《如何拥有你的家》（How to Own Your Home）一书中建议，一家之长在决定购买房子之前应该问自己

下列问题：

家里的年收入是多少？明年和后年的状况怎样？

如果公司经营不好，他的社会地位是否会降低，收入是否会减少？

家里还有其他人有能力赚钱吗？

现在家里支付的房租租金是多少？

家里目前已有多少存款？

家里每年支付房子需花费多少钱？支付住所的其他开销各需要多少？

超出自己能力的消费是错误的，因为这样做将导致通常是房产丧失或使家庭陷入沮丧挣扎的后果。应该采用安全消费，如果一家付不起 7500 美元的房子，那么就购买支付能力范围内 5000 美元的房子。身边最好要留有一些钱，以备应对疾病或其他突发事件的发生。一个很具吸引力的房子摆在你面前时，也许你会过于乐观，以至将希望寄托在你也许永远实现不了的收入增加上，几乎每个家庭在把积蓄投资在购房时都要减少其他方面的开销。

在决定支付房款的总额后，接下来该考虑的问题是：按怎样比例的开销收入才能安全地支付房款？

要回答这个问题，并不能仅仅以支付房子的金额为基础，家庭经营除了包含支付房款合约里的款项外，还有很多其他方面的支付，这些都需要你做仔细的预算，这样才不至于在轻松消费中筋疲力尽，陷入不必要的压力中。

据统计，稳定收入的五分之一可用作支付房子租金或偿付。但是，分析家和统计者指出，对于低收入的家庭，总收入的五分之一用来支付房费太过昂贵，拿出稳定收入的八分之一作支付才算是安全消费。

不管是租房子还是定期缴付房贷，都会花掉八分之一至三分之一不等的家庭收入，实际金额由各家具体的情况而定。但是，鉴于要经过长久支付才可得到房产权，一个家庭最好为住房支付而增加储蓄基金，这样房子的支付费用也许会变大，而获得产权的时间却在缩小。

除了利息的支付和按照合约规定的分期付款和贷款，屋主必须备好足够费用更新和维修房子，准备好税款、特别摊还款、保险费、水费等各种费用。习惯了公寓生活的一家人，搬进属于自己的新家时，有时会忘记预备钱支付燃气费。

很多屋主积存他们现金或股权的利息，得到的钱用在经营家庭的开销上。这是个不错的方法，它不但解决了家庭开销的现实问题，而且有助于养成良好的预算习惯，这样当需要用钱时你会很容易拿出来，同时也增加了你为预防突发事件而储备的存款数额。

一家之主不可忽视对家庭的维护，即使是在新家也有很多东西需要呵护，这样一年又一年地保持下去，直到此东西贬值。屋外的窗扇和饰品需时时重新粉刷，以后房子的外表还需整体粉刷；没过几年室内的墙壁和天花板都需翻修，这些事情在发生之前都应该考虑到，例如，如果 10 年后天花板需要重新整修，它的成本将会是 400 美元，那么你要为这个项目每年准备好 40 美

元的费用。

物业费及可能的特别摊还款应提前预计，每年这些税钱的具体金额心中应该有数，这样才可以留出适当的钱来支付这些开销和税款。

然后就是保险金，它的价值约为房子价值的 0.5%。银行、信托公司或建筑协会总是要求屋主买保险；水费或租用金通常很少，但不可被忽视。

诸如各种隔板和檐篷是必须考虑的另一项配件开销。为了使房子更适合居住，对房子进行装修改进是必要的，那么这一部分的成本应该被预计在第一年的家庭开销中。尤其在很多低价房中，屋主需要的很多便利设备它们是不会提供的。

为构建房子和日常生活，人们在添置房产时要考虑很多重要因素，而这些需要考虑的因素，最终结果需由不介入此事的第三者决定，不应由为销售产品而向你提供商品的人决定。

环境好才是优质的居家选择

涉及房产地点的选择时，你所要面临的第一个问题是这里的土地价值是高还是低，然后要考虑从这里到你工作地点和购物中心的交通是否便利，再者要考虑安全措施是否周全，比如说邻里间的房屋建筑风格、区域的划分、城市的规划、消防和警察保护措施，以及其他一些可帮助你决定房产真正价值的因素。

你要购买的房屋所处地段的具体位置，是指房屋周围的居住环境质量，这些因素你要仔细地斟酌。整体居住环境包括房屋与学校、房屋与孩子玩耍空间之间的位置关系，这些因素都可帮助你评估和决定房屋的真正价值。

从家庭经营的角度决定房产价值的其他因素是指该地段本身的特点，比如树荫、灌木、可建造园林的数量；房子的采光度和风向；土壤的种类以及是否有必要划分土壤等级，对其实行填充和排水等。

对有些人来说，为做一件小事产生出那么多压力是愚蠢的，有些人还会说这么仔细的分析会扼杀人们的热情，而这份热情对任何家庭建设都很重要。但大多数人都是第一次买房，对他们中的很多人来说，毫无疑问，这是他们平生最大一笔投资，也是他们所做最重要的一笔投资，他们只有妥善规划，才能支付起他们最想得到的红利，那就是幸福。如果做出明智的投资，那么他们就会向进步和成功迈进一步。相反，如果出现差错，那有可能导致巨大的损失，将其储蓄挥霍殆尽。给这些小问题以深入的答案，用普通的常识来看待这些小问题，会为我们的价值标准提供借鉴，从而避免我们在以后的岁月可能出现的遗憾。

我们中很多人都经历过寻找房子的磨难，也深知这项重任的繁琐，但房子的挑选要好过地点的挑选，当我们一见到房子时，我们就能决定这是否是我们心目中想要的那种居所，但这种决定完全是我们眼睛所见和想象合成的结果，所以这并不重要；选择要基于产权的价值，这样才不会给以后留有遗憾。

房址的选择通常是某种妥协的达成，我们需在自己梦想的居住地和实际经济能力允许支付的居住地之间权衡利弊。人们往往必须在大城市中繁华高价地段购买小面积住宅和在土地价值还没高到按英尺计算的远郊地段购买大面积住宅之间做选择。但在我们做出选择之前请不要忘记，如果有一个布满绿油油草地的院子，会有助于孩子的成长，同时也会为家庭主妇料理家务提供很多方便。

如果我们为了获得大空间、草坪和花园而选择在偏远地方购房，我们必须格外留意通往市内工作地点的交通是否方便。仅凭房地产商承诺的一条地铁线或大众运输系统即将在不远的将来开通是不够的，人们不能等待承诺，因为大家都需按时去工作。同样，勤劳的家庭主妇必须经常去商场购物，所以要有良好的交通工具，她们才方便去商场采购。

现在大城市普遍采取区域划分系统，有助于我们做出适当选择。了解一些区域划分系统的知识，会帮助你远离那些饱受工厂污染、公共车库和拥挤商业区侵扰的区域。

很多地方在区划法没有生效之前，建设私有住宅或商办的权力是受限的。房子买主一定要仔细询问关于这方面的限制，以决定这些限制是否会为他们提供一个有前景的未来。要了解这些限制是否已经生效或不久就要到期，做决定前一定要关注这些限制是否对附近其他房产业同样有效，可能有一两座大楼的建设不在限制范围内。

噪音也应是考虑要素之一。街道上穿梭的车流会给孩子们带来危险，而且夜间重型卡车的行驶也会破坏宁静的生活，干扰家人的休息。

不管我们有多独立，我们都要与邻居相处，邻居的选择是一个需要考虑的因素。也许我们没有太多时间与邻居往来，但我们的孩子会和邻居的孩子一起玩耍。给孩子一个适当的成长环境是可取的。

在即将居住的小区里，学校、公园和操场的环境是否都令人满意？如果可以得到这些条件都具备的理想居所，那么母亲身上的担子会减少很多。

投资房子甚于投资土地

幸福家园地点的选取绝不是通过十分钟的会议和半小时的考察就可以决定的。

“关于房子地段的选择我们要支付多少钱合适？”美国标准局发行的小册子《如何拥有你的家》(How to Own Your Home)中分别陈述了有关建筑和室内的情况，我们从中找到以下几点信息，也许可以指导你处理好这个问题，但必须记住一点，政府发放的书一定是针对全国平均状况而言，有些地方可根据自己的实际状况作一些改变。书中这样写道：

居住地段的支付费用很大程度上取决于周围的环境

措施是否完善。如果居住地段周围的街道、栅栏、人行道、水电服务、煤气和污水管道都未进行改善，那么这个地段的价值大约只能占房子总价值的5%，最高不能超过10%。

如果上述的所有条件都很完善，那么地段的价钱通常应占房子总成本的20%，很少有超过25%的，而这可借鉴最近出现的按英尺度量商品价值的估价方式。

购买不昂贵的地段就会省下更多的钱用于支付房子本身，在廉价地段购买结构完善的房子要比在昂贵地段购买不尽如人意的房子明智。一个比周围邻居房子都要昂贵的房子也许很难会卖上好价钱，在昂贵地段的廉价房子也许根本不会增值。

“买较便宜的地段，花更多的钱买房子”这句话应该牢牢印在所有购房者脑海中。如果一直把这种思维放在首位，把它作为决定地段价值所要考虑的各种因素的基础，买家就能抗拒诱惑，避免屈服于推销员极具吸引力的推销，那么这个销售方案就会被保留下来，多年一直处在“销售中”。

这种思维同时也引来另一个值得考虑的问题，预先购买有望以后建楼的地段，以期以后的增值会使现在的购买成为一笔投资，而不是处在观望猜测的状态中。如果要预先很长一段时间购买房产，那么请记住税款与此同时也要持续上交，对周围街道和其他生活措施可能会进行特殊的评估方式，支付在土地的资金利息也会不断流失。所有这些费用都必须算在土地成本中。

角落地段有其优势，但在街道改善过程可能要费些力气。如果使用围墙栅栏的话，使用长度要更长些，修建人行道的成本也很高。土质坚实的土地要比土质湿软的土地值钱，因为要打好地基防止意外事故发生，在土壤上需要加填充土或人造土，这些都会算在成本中。岩石接近土壤的底部，在建筑楼房时它的价钱通常比较贵；另一方面，在房屋建筑完成前，填充或等级测量需要额外的费用。在购买土地前要做大量仔细的审核工作，完整的成本估算需要把这些费用含在土地的售价中。

还有三点重要的事情要做：确定该房产的价值、保证对该土地调查的正确性、确定该房产周围的境况。一般的购买者要确定这三个因素，需要能力优秀且不涉及利害关系的人帮忙，除非你受过特殊培训，拥有丰富的经验，你才可自己确定这些因素。在你获得有关这些因素的建议之前，明智的做法是推迟临近的交易合约。

相对来说，房产的价值核实要简单一些，价值的高低并不总要由当时周围楼群的出售价作为评判标准，由于种种原因，销售价格经常要比这个地区的实际价格要高。土地的价值主要取决于它建立住宅的可能性，而这可由专家做出最佳估算。

建筑和贷款协会或其他一些从事建筑贷款业务的组织，所给的房产估算价通常是判断安全的基础。这类机构将会提供60%房屋贷款，但他们对土地的贷款不会超过40%，依此可以推算销售商是否开价过高。

出手前多做调查，就能减少错误投资

“在我盖房子之前是否有必要对这块土地进行调查？”一个杰出的房地产商对这个问题的回答是:“答案应该永远是‘是’。”事实上只存在一种例外的可能，那就是工程师已经完成了管道的细分工作，有关土地的最后风险情况已经确定。很多需要付出昂贵代价的错误，都应归咎于买主没有对所买的地产做出正确的调查就开始建房。

建筑中铸下的大错，导致房产建设中其他必需费用受到侵占，以至于需要付出改变房屋结构或样式来减少这些费用的支出。调查的费用比起弥补可能出现错误的费用要少得多——调查成本费约是 30 美元，而弥补错误的费用可能达到上百甚至是上千美元。

再次引述上面提到的那位杰出房产商关于作准确调查的必要性表述:“对调查这件事的用心程度，体现在对住宅土地大小和特殊地形的调查；此外，山脚或山区的土地崎岖不规则，都会给你带来各种不同的麻烦，遇到这种类型的土地要格外小心它是否会被封闭，这些情况都应在契约上有妥善描述。这个象征性的费用也许不能被房主的平常心所接受，他们认为在自己的土地上盖房子，不应该被剥夺权利。”

近些年来，担保公司在处理银行和融资公司对房产的贷款事宜时，对产权名称的认定要求很严格，产权名称是土地购买者不应忽视的事情。购买土地的名称明确，能正确描述房地产属性，这还远远不够，你还需知道该土地是否有地役权，比如说有权授予其他财产，有权授予通讯公司或水利系统在这块土地安放电线杆或开通水管。因为这类地役权的存在，会给购买者以后造成不便或支付更多费用。

这些事务并不复杂，人们要确定相关信息所要面对的困难也并不是很大。

当土地购买的所有细节都处理完毕后，就到了令人愉快的建房阶段。但如果不考虑开销计划，只是一味地乐观，那么实施整个建设计划的过程就只意味着消费支付，而消费支付即表示要调整预算，或者让支出与收入达到平衡。

一般来说，土地购买者在获得房地产的过程中往往忽视了最重要的一点，即建立信贷基础，他们忽略了树立信贷声誉，而这点会有助于融资公司借贷人员做出贷款的决定。

几乎任何一个借贷人员都会告诉你，在贷款申请中他们最先考虑的事情就是贷款者的信誉度。确实，安全必须要得到保证，但即使安全度达到金边等级，借贷人员对允许借款这件事的态度也会很犹豫，除非他对申贷者的信贷声誉感到满意。

这些人指出，很多人以分期付款的方式购买空地，当购买了这么贵的土地，就要设想到我们应承担的义务，因为支付土地的高昂费用可能花光我们所有的积蓄。

当然，月复一月、年复一年地去支付购买土地的费用，直到付清所有费用，购买者就能在他购买土地的公司那儿留下良好记录。但这种记录在银行或融资公司那边意义却很小，因为在这期间，购买者在银行的存款数额很少。

人们都愿意为老客户服务，借贷人员觉得有义务为那些长期在银行存款的顾客服务，这是很自然的。这些顾客年复一年在银行存款，在银行中留有了节俭的记录，从而留下他们可信任的人格形象。

如果你有能力买一块地，请设法在地产支付期间建立自己的现金储蓄。也许这意味着你要买一块稍便宜的地或支付的时间更长些，但这种方式可使你的财政预算更便利简单，更具独立性。

关于建屋贷款

当我们已经明确拥有土地后，我们该如何着手筹资建设我们的家园呢？

首先去一趟办理业务的银行或者相关的建设和信贷协会，告诉他们你面临的所有问题，并听取他们的建议，然后再和实际的融资代理及承包商商议具体事项。

银行通常愿意贷款给他们的老顾客，且银行会严格遵照国家规定的相关条款办理贷款。通常银行的贷款额会占土地估价和经批准的预期房产总值的 40%，如果土地的估价为 3000 美元，预期房产总值是 7000 美元，银行对此财产的估价就会是 10000 美元，基于此估价，银行可能会提供约 4000 美元的建筑贷款。

必须要记住，银行的估价不是以出售价为基础的。银行通常不会把销售价或开价作为融资的基础，他们会考虑到强制出售土地可能带来的所有收益，而且他们会尽量增大房子的价值，他们会考虑如果把房屋和土地放在一起销售能带来哪些好处，所以他们通常在第一次贷款时借出约占总价一半的资金。

这些贷款通常为三年，利息每年通常是 5%-7%，附带费用是产权保险、火灾保险和产权评估费。但如果在合约中写明你要建筑价值 7000 美元的房子，那么剩下的 3000 美元也可移作他用。如果土地的所有者能有计划地储蓄，他手头有足够的现金支付他购买的土地，这种情况非常好，因为他会有 3000 美元到手，并在银行留下了更好的信用记录；如果他没有足够的钱支付土地，那么他只好通过第二次抵押贷款确保资金，但第二次抵押贷款的成本往往比房屋建筑的金额还高。

很多人认为第二次抵押贷款和第一次抵押贷款的不同之处仅在于如果无法支付买金，第一次抵押可抵偿所买地产，但两者的区别远不止这些。两者属于不同的融资类型，所以经营它们的市场也完全不同。

由于第二票据融资需要高于平常的利息和馈赠资金以吸引投资人，所以办理过程中需要签署一份信托契约，一份写明已收到 10%-25% 现金的说明。它通常要求支付 36 个月的资金，其中包括 6%-7% 的利息，所以等钱付清了，第一次抵押也到期了。

然而事实上，考虑到自贷款日起的所有预借现金、实际所得，或者信托契约说明的费用，应该是每年 18%-40% 的利息，而不是 6% 或 7%，说明书上显示的利息是折扣的金额或折扣利息

的金额。

当然，这个了不起的知识必须用来承担好第二次抵押贷款资金的安全运转，第二次抵押需要激发有节俭和储蓄意识的家庭经营者打点预算，这样他们手头就会有剩余的现金去支付包括第一次抵押贷款在内所需的资金需求。通常关于融资问题，尤其是第二次抵押的问题都是由“融资商”进行处理的，他们不但承担建房的义务，还要提供必要的资金。

融资公司和贷款协会为房屋建设的贷款提供了一系列优惠措施，这可由借款者支付建筑物和贷款合约的利息以及直接支付银行贷款的金额比较看出来。我们其中一个非互助协会收取年限超过九年贷款额为 1000 美元的贷款利息总额只有 441 美元，同样的贷款数额及贷款年限，若在银行直接贷款，利率为 7%，支付额为 630 美元；此外，借款人若连续两次贷款，他还必须支付重新设定的费用。

通常从建筑和贷款融资公司借出来的资金，比银行评估的贷款额要高；同时，融资组织操作严格按照规章制度进行，各组织在处理家庭建筑贷款方面的事宜要比银行所营造的自由度大。

关于建筑和贷款协会

通常来说，有两种建筑和贷款协会：互助协会和非互助协会，后者也叫保证资本协会。这两种协会支付贷款的方式也是不同的，两种协会各有各的主张，各自为某些不同阶层的贷款人提供更好的服务。

在互助协会中，借款人从贷款金额中每100美元可得一股，并要用其股份、信托说明和抵押物保证其贷款的可靠性。在这项计划下，借款人每月定期支付他的股票，同样每月也定期支付其贷款的利息；在这期间，他的股份参与协会的运作。

当对股票的支付额加上股票的收益额达到股票成熟价，那么整个合约就会终止，股份将被交还给协会并被取消，借款人的贷款也随之被取消，他的各种协议也会返还给他。

在互助协会里，贷款究竟什么时候能付清是不可预测的，因为股票的收益是不能预先知道的。在互助协会中，借款人，同时也是股东，必须担负常规股东的负债。

在非互助协会里借款者不是股东，他在信托说明和抵押上为房屋建筑的贷款和他向银行或个人借款性质是一样的，他需要按月平均支付款项，每月的利息被计算在没有支付的欠款内，利息从支付的款项中扣除，余额归于本金。在非互助协会里，还完整个债务所需的精确时间和借债人的准确开销是不可预知的。

我们可以看到，事实上建筑和贷款协会的宗旨是鼓励节俭生活，他们的一个重要业务是帮助人们贷款来营建家园，或者还清家中已经存在的贷款，他们的基本思想是鼓励家庭摆脱债务的困扰。

虽然建筑和贷款协会的利率通常比银行高，且贷款金额通常比银行高，但是，在建筑和贷款协会的借款会因为他的股票收益而不断减少，或直接减少利息。

关于承包商的七点建议

建筑和贷款协会不会负责盖房子，也不会真的去购买或出售房地产，不应与建筑公司或投资公司混淆。建筑和贷款合约中每个月的支付通常比同类型房子的租金要少——他们提供机会，以“支付租金给自己和拥有家庭的自由和宁静”。

人们常常指出，全国各地在过去几年里，出现大量的劣质建筑，劣质的建筑物缺乏耐久性，并附有高额的折旧费用，原因在于工程偷工减料，导致建筑物缺乏耐久性，而这些都不利于建造良好的生活条件。

人们通常犯这样的错误，认为自己很熟悉房屋建筑的方式，缺乏房屋建筑经验会让人付出很大的代价，而且这种经验缺乏很难轻易被克服；经验不足导致的另一个损失是，建筑者因为赶时间，缺乏初期的投资资金而造成资金流失。此外，因为缺乏建筑中所需的一流材料，幻想建造低劣建筑而不会产生恶果的心理，都会给建筑者带来巨大的损失。

所有这些行为都会导致劣质建筑的产生，而这也是导致建筑者犯下的最严重的错误。有一个简单方法可以避免这个错误发生，那就是保证建筑师的优秀性，告诉他你渴望什么样的建筑方式，例如你可为房屋花多少钱，以及关于居住地点的其他因素，然后，当建筑师做好了计划，拿出你要求的具体方案，你再和他签署承包建筑的合约。

如果你的建筑师是你避免重大错误的无价助手，那么当你听取了这位值得信任的建筑师的建议，并设计好建筑蓝图，同时资金问题得以解决，那么你这个万事俱备的房主就已经前行在实现美好未来的道路上，你下一步该做的是草拟建筑合约和选择最具资格的建筑商来承包你的工程。

但是在我们步入房屋建设程序之前，我认为最好应该反复参阅住房建筑商协会为保护房屋建筑者的利益设置的七点建议。如果在之前了解了这七点简单的建议，很多建筑者蒙受的损失是可以避免的。它们分别是：

1. 彻底调查清楚你的承包商的信誉和财务状况。

2. 签署合约且以书面形式规范。

3. 在开工之前彻底筹集建筑项目的资金。

4. 预备好合约附件。

5. 建筑施工期要确保建筑的防火安全。

6. 你支付承包商开销费用时要向他们索取从材料商、分包商和供应分包商材料的经销商那里的购货发票（上面署名你的工作单位）。

7. 存盘工程完结的证明。

忠实地遵守这些建议，会令房产拥有者在应对财产留置法时避免损失，法律规定财产拥有者应对劳工或房屋建设所使用的材料负责，而这项法律的规定使高信誉的产权拥有者及高级承包商陷入紧急状态，因为这项法案有权提交财产。它们建构了留置权，如果承包商还没有支付支票额，即使房产拥有者已经预先支付了承包商的所有开销，留置权也可将房产作为抵押物。

该法律规定房主可以向承包商索要履约承诺的契约，这意味着承包商对各项开销应完全按照合约中的规定进行，因为法律规定任何留置权的支付都要用财产进行交涉。承包商会提供这样一个履约保证——建筑施工者不会有任何提前的报酬，或者违反合约或以任何方式未经书面许可的债务。

建筑合约付款条件通常建立在以下基础上：第一笔 20% 的资金使用时间是，当第一楼主梁已到位和粗锯材正在加工中；第二笔 20% 的资金用于屋顶的建造；第三笔 20% 的资金用于粉刷房屋；当大楼落成时使用第四笔 20% 的资金；最后一笔 20% 就在技工留置权备案的时候使用。

在工程已经完成 10 天之后，基于业主和承包商之间的相互理解，一个正常的“竣工通知形式”应提交给地方政府办公室，这通知允许 30 天为材料商、劳工或分包商提出留置权；如果没有提交竣工通知，90 天是允许的留置权备案时间。

实际上，房子的建造合约有两个最重要的项目，首先是合约形式的订立，第二是承建商的选择。合约中必须有建筑师编写的费用估计条款，建筑师按要求获得至少三个负责任的承建商的投标，应该选择最低预算的那家，且他的信誉和财务状况良好，已取得一流担保公司的债券。

一位著名的建筑金融家在提及担保协议的必要性时说道：“一个房屋建造者一旦未能与其承保人达成约束性协议，他相应的就不能在完工后使其工程包含火灾险。他们都属于同一范畴，对于保守且谨慎的商人而言，这些都是必要的。”

合约最常用的形式就是一次性付清，其中承包商负责用一定数额的钱支付工作进程中的各项费用。这种形式的合约使房屋所有人对房屋建设将花费的实际费用有明确了解，从而也使他能够制订相应的计划。然而，这样的合约也有可能变成骗局，除非承包商为自己能可靠地执行工作做出约束性的协议。

在某些情况下，“成本加价”的合约形式将会为合约双方同时提供益处。此种形式的合约规定：地产拥有者将付与承包商房屋建设的实际成本，加上对其提供的服务以及涉及要使用的工厂和组织所需支付的补偿费用。在某些情况下，这种补偿费用将采取“固定费用”或明确的服务形式支付给承包商，而在其他情况下，它可能是总成本的某个固定百分比。

对于无预算限制的人而言，“成本加价”的合约形式拥有几项优势，他可能会在工作进程中对房屋建设做出修改、添加、删除，并且处在审慎监管所有建设项目的位置。然而，对于有预算限制的人而言，这种“成本加价”的合约形式是很危险的，除非他已要求承包商保证成本不会超过某一规定数额，并且有一份来自承包商针对合约履行的担保协议。

如果房屋拥有者在建筑过程中坚持一些将会增加建筑成本的改变，他必然不能期望由承包商来承担这部分的损失，他必须准备承担新增加的成本，除非这样的情况包括按比例承担已充分体现在合约条款中。

关于融资承包商

为了得到一个清晰的关于通过融资承包商来处理建筑的综合分析，我们得到了美国洛杉矶房地产融资咨询公司副总裁哈利·F.霍萨克（Harry. F. Hossack）的帮助，他已经在南加州与房屋建设公司合作多年，并且深悉国家在此区域实行的不同计划的进程。

他说："很少会有想在其土地上建房子的拥有者具备这些条件，包括了解建造方式、对自己能力的信心，或者有足够的时间用于拜访所有可能的第一次抵押贷款的来源，以及获得第一次抵押贷款后，安排拜访若干第二次抵押贷款提供者，并且为所谓的折扣、第二票据或信托书的条款做准备。大多数情况下，他会将这些事宜交由一个融资承包者去处理，融资承包商主要就是从事房屋建造以及资金提供。"

当这种情况发生时，融资承包商仅仅将这些费用添加到合约的总额上去，并且给业主这样一个包含所有花费的数额。举例来说，如果房子完工所需的金额为 4000 美元，他将花费第一次抵押贷款 2500 美元，含 5%-7% 的利息，三年内付清；剩下的 1500 美元则是分 36 个月等额支付，含 6%-8% 的利息。他可能在开工前完成票据的谈判，又或者等到房屋完工才卖出第一和第二票据。如果可以，他将会等，因为他将可能节省一些买主要求的对于那些尚未建成的房屋票据的折扣。

假设承包商有权使用 3500 美元用于工作，而业主将给他全额现金，这时问题自然而然就产生了。那他向雇主收取的用于房屋建设费用剩余的另外500美元是什么呢？是这样算的：

如果土地价值是1500美元，而房子的实际价值是3500美元，它的估价就是5000美元，基于此估价，其最大可售第一次贷款将占50%，也就是2500美元。剩下1000美元需要包含房屋建设的成本。

除了这额外需要的1000美元之外，融资承包商预计他将不得不给予75美元的馈赠资金，同时也料想到了第二票据含有275美元的折扣，这就使得原本1000美元的成本增至1350美元。

但是第二票据和第一次抵押贷款的成本总额加起来也不过3850美元。看得出来，如果承包商能提前安排在这些成本下的第一次抵押贷款和第二次抵押贷款的销售，他的合约价格仅仅是表面上的第一和第二票据金额，换言之就是3850美元，而不是4000美元。但是不会有承包商会愚蠢到来承担这些责任，而这些责任在全现金运作中属于擦边球。实际上，他们也不会将自己限制在4000美元的价格，他们不仅会将150美元的应急花费算入其中，还会算入他们推销手段能达到的更多价值。

霍萨克指出，我们应该留神那些融资承包商的财务能力，他说道："一个充分利用这项业务的承包商需要更多的花费，而这些花费对一个全额现金的承包商却不需要。它需要的是特殊的才能、时间和经营这项业务的连接操作，而这些到最后很少是有利可图的，于是继续扩张成了目前的趋势，他们承担了越来越多的工作，卷入越来越多的票据之中。然而，危险的是，当资金突然

很难到手时，那些急需运转的房屋建设将会广泛被延期，并且一大批正在进行的工程将会遭遇到极大的困难。”

公共责任保险必不可少

以借款来建设房屋的人，在没有得到资金会马上到位的明确表示前，绝不能与任何个人或企业达成交易，否则，业主、承包商以及为此项工程提供材料及劳力供应的人都将遭受损失。

聪明的房屋建筑者将会通过一些简单的预防措施和适当的保险来保护自己的利益。首先，他要确定这项工程的承包商拥有完善的工人补偿及公共责任保险。就工人补偿而言，如果这个承包商的一个员工在建筑的作业过程中受伤，而承包商无法赔付这笔意外伤害费用，这时，就可由保险来支付。这项保险，一般是以适当的比例由承包商负责。

公共责任险也是必要的，有时候就算有些业主本人愿意承担，但通常还是由承包商来承担。这项保险在保护承包商和业主的同时也保护房屋建筑者，让他们在房屋建设过程中，应付处理诸如人行道意外事故、街道堵塞、工地零件掉落及其他伤亡事故，使他们免于遭受人身损害及由其引起的赔偿与诉讼。对于业主而言，将他们在此项政策下的利益与承包商的利益结合起来是非常容易的，而这种结合就使得他们得到联合保护。

房屋建设工程伊始，就应当起草火灾保险单，其中应涵盖相关各方的利益，且在合约中也要指明各方利益，尤其要提及业主、建筑者及任何抵押贷款持有人的比例。这份保单也必须详细说明在工地所有用于房屋建设的材料与供应，同时还必须说明，当房屋建设完工后，此保单仍将继续生效，直至失效日期。

大多数人对把握适当形式的保险还没有给予足够的关注。如果有人手持一张恰当填写的保险单，在调节及全额赔付损失上，持单人将不会面临任何困难。然而，除非他已经将地产投保并且花费了大量时间及精力去充分了解保单上列明的所有条款及先决条件，否则他很可能会发现在购买保险时没有将那些与他设想程度相近的可能损失涵盖在内。保险单通常都是精心印制的，但它需要你花费更长的时间和更多的精力去阅读及了解，这样的阅读及了解是十分有益的。

合理的装修费用

据充分的数字估计，假设平均每套住房的每间房要花费约1000美元。

我们把一套房屋看作在一片24.5×29英尺的土地上建立的小家，这套房子有一个宽敞、带壁炉的客厅，一个舒适的卧室，一个便捷的厨房加上餐厅，一个门廊，一个合理布局的浴室，一个精致的前门廊，上面悬挂着一个吊床。

在每间房1000美元的基础上，还要花费大约3000美元。

另外，还应该增加的 100 美元左右的监管费，使总额超过 3000 美元。然而这种监管费是非强制性的，可以省略，但是，房子的主人会发现监管费花得恰到好处，因为这将防止劣质材料或工艺出现在房屋里的某些地方，这些劣质处不会在房屋建设完工后很快显现出来，但却可能缩短这间房屋的使用寿命或增加其维护费用。

该片土地已被选定和购买；房子的计划也已从多个角度讨论过，并且做好了决定；融资已经安排好了；已选定承包商并且签署了适当的协议；在木工的协助下材料已经交付到工地，并且石匠、电工等都已逐渐进入我们的建房计划；房屋建设完成且已付清款项。当所有这些事情完成后，我们仍不能称其为家，我们拥有的只是一所房子，是根据我们的计划和诸多选择建立起来的房子，直到我们搬了进去，并且真正开始在那里生活，它才能称为“家”。

将房子转换成家

我们在房子里的生活，那些快乐，那些愉悦，那些舒适，以及那些自豪，所有这些都有助于我们建立那种被人们称之为“家庭氛围”的东西。家庭氛围决定我们的房屋是否是一个好妻子能够发现快乐的地方，是否是一个丈夫在经历了一天的辛勤工作后愿意并且渴望回去的地方，是否是一个比起附近的院子、街道、公共操场或拐角处的电影院、孩子在玩耍时更能找到快乐的庇护所。

在这些情况下，家庭的便利和舒适发生了很大的作用，对于家庭主妇尤其如此，因为这个家对于她就好比是一个实验室，她可以在里面充分实践自己经营一个快乐家庭的科学知识。如果家庭安置妥当，她就能够在付出最小努力的情况下充分施展自己的才能，并且由此得来的成果是更加难以衡量，更加无价的。

一般家庭已经普遍接受家庭的便捷和舒适需要投入成本，一些小的琐碎的事情使得辛苦劳动与轻便的家务截然不同。为家庭主妇提供这些生活机能，会使她更有精力和时间投身于为家庭其他成员谋划快乐的事情。

既然我们已经拥有这幢梦寐以求的房子——这些日子以来我们一直为它省吃俭用、积存积蓄、购买时几经考虑，既然已经为它投入了那么多时间，那么也别忘了花同样的时间偶尔适当地从房子里面出来一下，如果我们思考自己幸福的同时也能体贴和关心其他人，并借此达到家庭和乐，我们将会得到更大的幸福股息作为回报。

这样，我们的房子就成了一个家，一个真正的家，而不仅仅是一个只供小憩一会儿的地方，或者一个稍事停留，直到有人愿意购买并且我们也能从中获利的地方。很大程度上而言，爱家也是一种爱国主义的体现。

家庭
理财经

为爱家的人量身打造的
财富手册

HOW TO
FINANCE
HOME LIFE

第6章 保 险

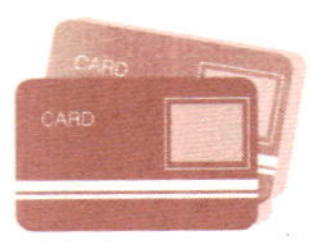

保险是年轻人资产管理的第一课。

对于刚刚开始买房置业、

成为一家之主的年轻人来说，

可靠的理财方式就是

拥有一定数量的保险。

保险与融资

我们先了解一下保险，看看它是否符合我们的预想。

很多持有保单的人其实没有意识到保单在贷款方面给予我们的协助。鉴于世界上90%的生意都是靠贷款完成，这是一个很有价值的考虑因素。我们在很大程度上也没有意识到保险会有助于我们拥有房屋，甚至成功地经营企业。

贷款的价值怎么估计也不会过高，它是所有业务的基础。在保险上的投资不仅能对投资获得较好的回报，而且标志着投资人的思维谨慎，在信用方面也能够获得丰厚的红利。

纽约市大通国家银行董事局主席A. 巴顿海帕（A. Barton Hepburn，1846-1922）曾经说过："当有人来借钱时，我们想知道他投保了多少人寿保险，与其说因为人寿保险会对他的经济实力产生影响，不如说这表明了他的思维方式。因为这种思维方式在促使他投保人寿保险的同时，也能使他获得商业上的成功。"

我们是不可能估计出保单在多大程度上有助于获得购屋贷款的。银行所办理的大部分是不具有附属担保物的小额贷款，很多人就是因为具有由人寿保险支持的信用贷款而完成大学教育。

人寿保险在企业融资方面也有很大的作用。金融机构从来不想要接管客户个人的有形资产，因此对于那些控制力被剥夺而尽力要保护生意伙伴免受损失的商人来说，银行会给予他最大的考虑和最低的利率。

据估计，75% 的企业价值存在于企业控制人员的头脑中。当企业还掌握在他的手里并确保不会被剥夺时，偿付能力就得到了保证，信用地位也会建立得更牢固。与没有人寿保险保护相比，有人寿保险保护的协议更有可能获得成功，并且对幸存的合伙人和债权人来说成本也更低。

个人开办的企业比与别人合伙更需要信用保险，因为这样的企业通常不太符合担保贷款的要求，而且当保障仅仅建立于个人基础上时，金融机构就不会放心地提供资金以促进企业发展。

一本书中写道“内心知足远胜于拥有巨大的财富”，这种满足是源于投资人寿保险而获得的众多红利之一。如果我们不能考虑其他形式的人寿保险，至少我们可把它作为“为了期货交割而购买金钱”的一笔小生意。

五个要预防的一般风险

我们都可能会面临五种风险，而这些风险都会降低我们的工作能力。当这些风险来临时，会使最为精心计划的预算变得一无

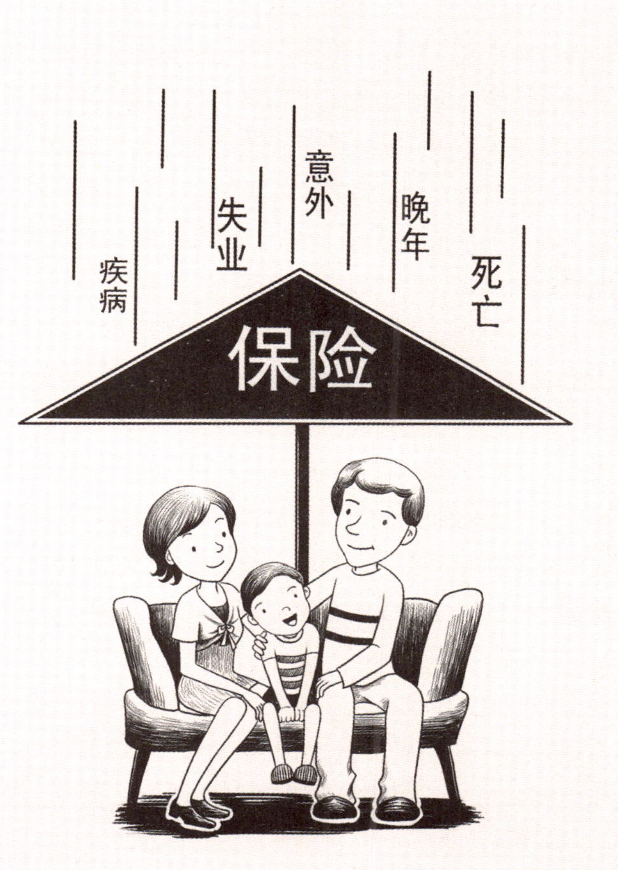

应有一个合适的保险来确保免受疾病、失业、
意外、晚年及死亡带来的风险。

是处，这五种风险包括：疾病、失业、意外、晚年及死亡。

对每个人来说，应有一个合适的保险来确保免受这些风险。在大多数情况下，为防止生病受到损失而提供保护的保单，也可以保护被保险人免受因意外而带来的损失；晚年生活充满了上面所提到的其他风险，而且大多可能同时会伴有疾病、车祸及失业等，对于晚年所带来的危险，世界上知名的保险公司都列出了无数远期的保险形式、捐助和收入政策。

无论什么形式的人寿保险，它给保单持有人所带来的信用地位及借款能力，能够极好地保护保单持有人免受因失业而带来的损失。

关于死亡，尤其是家里的顶梁柱去世，对一个家庭来说，损失是巨大的。据统计，在 10000 个 25 岁通过体检的已婚男子当中，一年之内会有 80 人死亡，随之产生 80 个寡妇，五年之内的数据是 410 个，10 年之内会有 841 个，20 年之内会增加到 1682 个。

考虑一下这些事情：大多数建造家园的人都必须通过延期支付的方式借钱建造房子，通过合约购买建房子的土地，形成一种抵押或代表借款。有时根据建房所需要的金额，建房者会将财产进行两种或更多抵押。有一种保单能保证这种本金与抵押利息的支付，且这些保单还有进一步的优势，即如果建造房子的人用自己的收入还清了所借的钱，房子便没有债务了，但如果在财产抵押期间去世了，那么不仅债务能全额偿还，而且家人还能额外得到等同于已经支付的财产抵押的本金的资金，这是一项值得所有

以财产抵押的房屋所有者注意的计划。

房主在早年时还可以以较低保费获得另外一种保单，以确保从 50、55、60 或 65 岁开始，能够每月领到一笔钱来维持生活；或者如果他在财产抵押期间就去世了，他所投保的保险金能全额还给他的家人。

还有一种捐赠保单，这实际上是一种经过保险的银行存单，能够确保投保人在去世时银行偿还全部的债务，并为家属提供充足的保障。保单所提供的养老金为老年人提供了一种安全投资形式，这些老人要求资金没有风险，且需要较高的回报以保证基本生活费。

另外一种越来越获得家庭男主人认可的保单，就是大家所熟知的 6% 收入保单。这种保险使得妻子只要在丈夫去世时还活着，就可以领到 6% 所投保的金额，而且在她去世后，所投保的金额会全额返还给她的孩子。

各行各业生涯资产分布状况

不是所有形式的保单都适合所有人的需求，但有一种保单要求适合所有人，那就是向信誉良好的保险公司所委任的客户代表提出你的特殊问题，并获得建议。

在做金融项目规划时，了解一下达到最佳效率的配置及获得积累的可能性，对我们大多数人来说都会很有帮助。乔瑟夫·J·戴夫尼（Joseph J. Devney）依据1000个银行家及保险人士所提供的信息，对2000多人做了一个调查，作为对个人金融投资可能性分析的指南。他的调查根据不同的职业进行了划分和归类，我们将会更多地考虑那些大多数房主所采用的类型。现在让我们从金融方面来了解一下这些人在他们生意的不同时期都发生了什么。

制造业吸引了很多人，调查表明在25-35岁10年间，平均每个制造商的个人资产都很小，到35-55岁时增长得非常快，平均每个制造商在55岁时资产达到顶峰，并从这一点开始他的资产总数开始下降，到65岁时他的资产相当于50岁时的数字，到75岁时甚至赶不上45岁时的总数。统计显示，30%制造商的遗孀不是靠工作就是靠别人谋生。

推销能力对于“创业奇兵”式的青年男子来说具有很大的诱惑力，他的资产积累在25-35岁之间迅速攀升，而在接下来的10年却增长缓慢，在45-55岁之间又呈现快速增长并达到顶峰。之后，平均每个销售员资产状况的下降趋势非常迅速，65岁时的状况和30岁时大致一样，70岁时的状况下降到和25岁开始工作时差不多。超过80%的销售员去世后，他们的遗孀或者工作，或者依靠亲朋好友来谋生。

另外，包括大学教授等教职工作者，调查显示他们在40多岁时达到成功的顶峰，然后就开始下降，而且在晚年时依靠别人的比例非常高。大约80%的教师或大学教授在去世后，他们的遗孀要靠工作或亲朋好友来谋生。

牙医作为一种职业，显示出下面的这种趋势：资产状况在 25-45 岁的 20 年间增长得非常迅速，但是在接下来的 10 年里增长就缓慢，然后开始下降，65 岁时的资产状况与 33 岁时大致是一样的，75 岁时的平均状况与 30 岁时大致一样。超过 66% 的牙医在去世后，他们的遗孀或者成为工人，或者依靠亲朋好友来谋生。

而商人的资产状况在 25-35 岁之间增长得很快，在接下来的 10 年里就开始缓慢，然后又快速增长，直到 55 岁时达到顶峰，并从这时开始就以非常均匀的速度下降，到 65 岁时与 45 岁大致一样，75 岁时的平均水平与 27 岁时大致一样，大约 50% 的商人在去世后，他们的遗孀要出去工作或依靠孩子来谋生。

对于农民来说，调查显示，25-45 岁期间资产状况增长缓慢却平缓，在接下来的 10 年里就增长极为迅速并达到顶点，但是下降的速度与上升的速度差不多，到 65 岁时与 45 岁时的状况相当，75 岁与 35 岁时的状况也很相似；66% 的普通农民在去世后他们的遗孀要靠工作或亲朋好友来生活。

保险是年轻人资产管理的第一课

正如从事不同职业的人所达到资产顶点的各个阶段所指出的情况那样，每个人的生活中都有一段时间，在这段时间他能感觉到自己已经达到了平均的高度，牢记这一点，我们就可以计算出在不同的生活阶段我们应该拥有多少保险。

据此我们会发现，应该采用累进的方式来购买保险。从这个角度思考，至于个人应该拥有多少保险才能够在去世时解决所有债务，并留下足够的钱使家人能够维持生活水平，我们可以得到如下答案。

对于刚刚开始买房置业、成为一家之主的年轻人来说，可靠的理财方式就是拥有一定数量的保险，以便足以偿还房屋抵押债务等其他可能到期的账单，同时还能留下一笔钱使家人能够继续维持已经习惯的生活水平。

随着年龄的增长，年轻人的经验及工作效率也逐渐增强，随之而来的是收入增加，而增加的收入可以允许更大的开支来增添生活的舒适度与便利性。所以年轻人在所选择的商业领域取得进步的同时，也必须考虑家人所必须面对的额外消费——在越来越广泛的社会交往中所产生的额外债务，同时保证家人在缺少自己的收入时，也能有适当的保障以偿还这些债务。

进行这样的理财有个简单的依据，就是先要搞清楚目前每个月的平均花费，然后再考虑一下目前各种投资每月的平均获益率，以及持续获益的可能性。从每月的家庭花费中扣除掉每个月的平均投资报酬，那么应该持有的保险金额就是每个月定期给予家人的生活费的差额。除了任何像出于保证孩子的大学教育，或其他同性质目的而应该持有的保单外，这点也是应该考虑的。

开始购买第一份保单的年轻人应该采用一项特定的保险计划，并把自己的第一张保单看作是自己完整而全面计划的第一

课，而这项计划能够像有保障的收入一样快速地实现。这项计划的最终目的是确保一旦生活当中出现任何破坏这项计划的偶然事件时，还能得到充足的供给。

保险与其他有价值的东西一样，只能根据特定的计划进行购买，而这项计划具有可见的明确目标时，才可能产生最大而且最有益的结果。

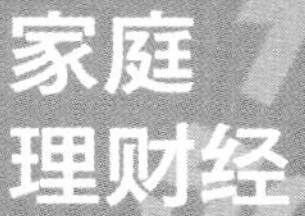

第7章 证 券

一家之主在刚刚开始投资时，

安全是首要且唯一考虑的因素，

这种安全不仅包括所投资的本金的安全，

也包括所获得的明确的定期收益的安全。

缺乏经验的投资人应该先投资债券

而不是股票。

采取适当投资来实现财务独立

这个国家的普通房主既是工人也是生产者，大量的银行存款记录——即世界上任何一个国家数额最大的个人存款平均数可显示出这一点。精明的房主并不满足于仅仅以存款方式从银行获得正常的利息回报，他们想让钱带来最大程度的收益，并通过投资来实现这个目的。

众所周知，当有人因储蓄、精明的进货、良好的管理或其他任何方式，手里有了盈余，并且正在寻求将这些资金进行投资以获得收益时，总会找到机会的。世界上到处是满怀希望的人，这些人手里拥有很多或好或坏的证券，准备将其出售给那些手头有余钱的人。有时这些销售员不会特别询问这些钱是否真的是盈余还是省下来用作救急的资金。

两条人们已彻底接受并分析过的简单真理将会使大家免遭损失，使大大小小的投资人进行有效的投资，并更有可能使人们拥有梦想的家。

第一条真理就是：随着证券承诺的投资报酬率增加，证券的安全性也更低。销售员推销股票、契约、租约或其他证券时，所承诺的报酬率极大或非同寻常，最为安全的方式就是将他们的建议仅作为一种投机而非投资。理想的投资方式能同时保证本金及获益的安全。任何缺少这种安全因素的投资都只会是一种投机。

第二条要了解的真理：承受不了资金损失的人不能冒投机的风险。当一个人投机时他就在冒风险，一种既可能获得异常回报，也可能损失全部资金的风险。

作为对这两条真理的补充，另一条真理就是：比起那些压力重重的销售员所说充满幻想色彩的股票证明书、自动售货机许可证、油井单位或“未经分割的利益”所提供的各种发财建议，这种定期回报、小额利息、半年期限的方式，能使更多的人在老年时获得经济上的独立。

在执行建房计划的头几年，房主由于还有许多债务，是绝对承受不起投机风险的。这些债务使得他们必然这样节约自己的资源，以便于偿还到期的债务、预防风险和意外事件，在收入降低或完全没有收入时，还能够为家人提供足够的储备金以维持生活。

而且出于同样的原因，所有房主必须要投资。他们必须学会如何使他们的收入不仅能够满足他们的需要，同时还要有盈余，并且使得这个盈余的资金能够完成始终增值这个令人愉快的任务。50 岁时能够财务独立是绝大多数商人和专业人士的目标，而这个目标能以合适的投资来实现。

储蓄与偿债整合计划

如果我们要培养一种能使我们财务独立的能力，那我们就有必要学会如何经管和运用我们的资金，要做这些事情，我们首先必须要有些资金去经营和利用。

把钱存入银行是获得第一笔积累并确保钱真的会增值的最好方式，定期在银行账户里存钱应该是我们累积资产的基石。这个在合适基础上开立的账户，除了使我们学会如何经管和利用我们的资金外，还可以完成很多事情。例如，可以让带有名义上获利能力的低储蓄账户来降低我们为了家庭而建房时所欠的债务。这表明我们可以用这种方式来赚钱。

为说明如何利用一项长期的储蓄计划还清房屋贷款，同时还能降低抵押成本，任职于赫尔曼银行、精通抵押贷款等业务的伊莫·巴德莱本（Emo Bardeleben）说：“一个人可以与银行合作，通过银行或房地产经纪人的办公室协商抵押贷款订立一项协议，按照该协议，借款人或抵押人拿出一纸储蓄计划书，作为偿债资金，偿还全部的抵押贷款。这有利于促进并保证立即偿还抵押贷款，并使之系统化；此外，抵押人也可以通过这种交易来获利。

例如，按照三年 7% 的比例抵押贷款 3000 美元，三年的利息共计 630 美元，也就是本金加利息共 3630 美元。抵押人拿出了一份 3000 美元的储蓄计划书，按周利率 18.09 美元存款，这笔钱再加上每月为偿还抵押贷款的利息而支付的每周 4.04 美元储蓄金，就构成了每周 22.13 美元的债务，而三年总额为

把钱存入银行是获得第一笔积累，
并确保钱真的会增值的最好方式。

3452 美元的支出。

除了保证能够按时足额偿还债务外，这就存下了 178 美元。大家很容易发现，储蓄的资金大约为所抵押额的 2%。这样所涉及的储蓄就把抵押贷款的成本从惯例上的 7% 降到了 5%，这就使这项抵押贷款成本成为本土最低的。

而且，整体上采纳这项计划将减少抵押品回赎权程序的必要性，甚至看作是可忽略的因素。不仅对于抵押人，就是对于银行和房地产经纪人来说，这当然是关系到利益的重要事情。这种方法不仅简单，而且银行和合作的房地产经纪人也很容易适应。”

根据巴德莱本先生所提出的方法，如果不需要银行存款来解决抵押问题，不妨可以利用来进行有效的资金积累，以便于主人随着投资选择知识的增长来获得更大的收益——更大的优势就是可利用它来应对意外事件的发生。

投资新手与其冒险，不如观望

房主可以进行的最佳及最有必要的投资之一就是银行保险箱，与它们所能支付的保护价值或所提供的好处相比，保险箱每年的租金成本是非常低的。

首先，甚至在房主投资于股票、债券及其他证券之前，寻找到一个安全的地方来保存保单、契据文书、合约、抵押品以及其他有价值的文件是很有必要的。诸如壁炉里活动砖后面的洞、隐藏在食品室里上锁的锡盒子，甚至现代化的办公室保险柜，都不能与银行保险箱所提供保存有价文件的安全性和保障相媲美。

除了所有的证券都应该一直放在银行保险箱外，除非由于特定目的需要把它们拿出来，主人应该留有两份完整的证券清单，其中一份留作参考，以便于主人可以随时了解证券的详情，或者由于要求支付契约而进行核对；第二份清单应该放在投资经纪人或理财顾问手里，以便于充分利用声誉好的投资公司为客户所提供的服务。由于手里拥有清单副本，任何一家知名的投资公司都会认真检查这些证券，而且由于经济条件改变而需要变更手中所持有的证券时，能够向客户提出良好的建议。

当我们充满希望地把自己的多余资金用作投资以使之带来更大的收益时，我们发现跟其他人相比，自己总是面临一个问题，即：如何才能区别好与坏？

有很多测试方式可以对投资进行衡量，但是要能够准确地使用“衡量投资的标准”，需要一段时间和训练。这样的训练通常是从实务操作经验中获得的，而这对于投资新手来说需要付出高昂的代价，直到我们有了这种经验，我们才能很好地遵循一条规则，一条极为简单的规则，使我们免受损失。因此，我们得到一条投资的金科玉律：刚开始投资事业的时候，在没有得到有名望而完全公正的第三人意见之前，绝不进行一分钱的投资。

美国人现在每年要遭受10亿美元的投资损失，遵守这条规则将使得这个金额大大减少。不诚实的证券营业员不太喜欢“投资前先调查”这句话。

这个世界上很多人都想“一夜暴富”，而且尽管每年有人因此而遭受巨额损失，仍旧有人重蹈覆辙，同时还有一套新的似是而非的论点，和一大批新的脾气温顺的销售人员，去吸引下一批的投资菜鸟——如果投资人能从绝对诚实的人那儿获得可靠的建议，而这些人又与证券公司没有任何关联的话，那就没有风险可言了。

确保我们初期投资安全可靠的原则就是选择一家绝对正派的投资公司，主动去认识他们，以便获得最好的建议并遵循该建议，从而获得双赢。

一家之主在刚刚开始投资时，安全是首要且是唯一考虑的因素，这种安全不仅包括所投资的本金的安全，也包括所获得的明确的定期收益的安全。在投资人已经学会如何凭经验选择证券之前，收益或利息的多少反而是次要的。

债券的安全性优于股票

从本金及收益的安全角度来看，债券和任何证券对投资人来说几乎一样，是理想的投资。投资专家都认为，缺乏经验的投资人应该先投资债券而不是股票。如果人们能够注意到股票与债券的差别，他们就会完全明白这个建议，而这种差别就增加了安全因素。

当一个人购买了一家公司的股票，他就成为这家公司生意上的伙伴，他将钱投入这家公司，就是期待公司的获利能够增加他购买的股票价值，以及大量的红利回报，在管理良好的公司里，这种希望总是能够实现。但所购买的股票既能带来收益，也可能带来损失，因为股东有责任偿还他们所购股票的公司的债务。

另一方面，债券是一种由公司发行的、承诺支付的票据，要在特定时间内偿还票面金额，并支付借款时间内某种特定租金的交易；债券的主人是公司的债权人，以这种身份，他们比股东优先拥有公司的有形资产。通常来说，现行的债券背后都有有形的资产，而且证券的价值远远超过了发行的债券。

债券的种类繁多，因此投资新手不应该在没有协助的情况下自行做出选择，最好在得到绝对正直、诚信的投资经纪人推荐后，才能购买债券。

沃特·D. 豪德（Wirt D. Hord）有长期的投资经验，他还是《迷失的美元》（Lost Dollars）一书的作者。仅仅从安全的角度考虑，按优先的顺序，他作出了如下分类：

1. 美国所有的债务：例如自由债券、国库券、美国财政票据、负债证明以及战争储备券。

2. 联邦土地储备债券、联合股票土地储备债券。

3. 州、市、县、学校或公路区债券、街道改善债券及灌溉债券。在这些类别当中，了解一下这些债券的获利能力是比较明智的，但确定出售这些债券的投资公司的地位仍是最重要的。

4. 由具公正地位的投资公司推荐，在美国可以用美国黄金支付的外国政府债券。

5. 列在经过认证的交易所里的第一批抵押铁路和公用事业

债券。

6. 列在股票交易所里第一批经过认证、成立已久的绩优制造公司的抵押债券。

7. 第一批或第二批运营的铁路、公用事业、成立已久的绩优制造公司的抵押债券。

8. 不动产债券抵押的是留置权，且据保守估计，贷款不超过60%，同时经营状况改善，显示良好的营运状况，且可以在12年内就偿还完贷款。

9. 信用债券。这些债券的安全性完全依赖发行机构的地位，因为它们没有有形资产做保障。

在安全方面，营运良好的公司所发行的优先股仅次于债券，金融家把它当作有利的投资，推荐给那些为寻求经济独立而要打下坚实基础的人。而优先股正如其名，是指在同一家公司中比普通股具有优先权，它可以先于普通股索要公司的财产和收益，但应承担由债券和短期债务所产生的债务。一般来说，在清算公司事务时，优先股东比普通股东有优先权获得公司的财产。这些安全因素使投资人更倾向于选择优先股票而非普通股，他们关注资金的安全，更甚于资金价值或盈利增长的潜能。

很多投资人选择优先股是因为它能提供一定数量的回报。例如，对于7%的优先股，只有将7%的股息支付给优先股后，才能向普通股东支付股息。当然，对于经营良好且盈利水平较高的公司来说，对于优先股所设定的利率也许远低于支付给普通股东的盈利资金。

对于“累积”的优先股，如果公司的盈利在一年之内不足以支付所规定的利息，所产生的差额就转到下一年，到期支付，并且将现有资金在普通股东分配之前支付给优先股的股东。优先股的股东通常并不总是有权在股东大会上投票，在某些情况下，优先股的投票权大于普通股。

在股票所有权方面，无论是优先股还是普通股的股东都对企业拥有部分所有权。实际上，他们都不是债权人，而是合伙人，并应该有意识地承担企业的风险。出售股票的公司并没有义务一定要支付股票购买人股息，宣布支付或终止支付股息完全由董事会成员内部决定，而这些董事是由股东选出来监督公司的管理。

然而，当公司董事会宣布支付股息时，在向普通股东支付股息之前，必须先足额支付优先股的股息。除了在获得股息及在公司清算时获得公司财产比普通股东具有优先权外，优先股确实是次级证券，且是出于董事会的意愿，否则不需对此支付任何费用。

如何判断股票价值?

但是人们应该永远记住，证券的形式没有其背后的商业本质重要。在对一家公司进行投资前必须确信公司的管理良好、记录良好，也完全可能有成功的未来及这家公司是否是该行业的先锋之一，它所涉及的业务是否是必要和相对长久的。

值得被投资的股票来自那些具有良好生产记录及持续带来股

息收入的企业，由具有有形资产的组织支撑，他们愿意发布经过适当审计且真实的金融公告，且能够经得起调查，这就成为被认为是值得投资的股票与经过分析被证明是投机行为的一个根本差别。投机股票的销售员极为详细地预测未来的收益，但却很巧妙地回避了对过去记录的疑问，他没有提供出售股票的公司的具体历史数据，反而会大加渲染同行业其他组织所创造的巨大收益和财富。下面是几个能快速揭露发售的股票是投资还是投机性的几个问题：

企业规模很大，非常重要，地位稳固吗？

企业的远景会比过去好吗？

企业具有良好的信誉，不会进行恶性竞争，垄断的程度不会招致敌意吗？

企业定期发布完整的金融公报吗？

企业具有巨大的获利能力吗？

企业的普通股票能够定期获得丰厚的股息吗？

企业的股票容易销售吗？

信誉良好的股票经纪公司会很乐于并回答任何涉及他们向公众销售的股票的问题，而且这样的公司很可能对所问的问题补充大量的基于事实而非期望或希望的其他信息。

不管我们是否接受过金融相关知识的培训，要不是因为有足够的保障，或不是因为无可辩驳的事实使我们相信借款人信誉良

不要轻易从银行取款给要从事某种商业活动的陌生人。

好，而且在借款到期时很有可能偿还，我们还是不要把钱借给陌生人。

当我们投资购买债券时，我们就将钱借给了这家公司，我们是贷方，而公司是借方。通常公司是借钱的陌生人，而我们有权向他们询问一些在借钱给陌生人时会提出的问题。

假设陌生人来找我们，不是为了借钱，而是请求我们从银行取款，让他用这些钱从事某种商业活动。在这样的情况下，我们需要详细了解陌生人的情况，以及他用我们的钱去从事哪种商业活动。提问题时我们要特别仔细，而且要坚持获得清晰而证据确凿的答案，特别是如果我们已经知道自己要和这个陌生人以及其他的投资人一起对这项商业活动可能会产生的债务负有法律责任。

这就是我们从一家公司购买优先股或普通股时的真实处境，我们是把钱交给而不是借给别人从事商业活动。这笔钱是否安全，以及能否获利，首先取决于从事该商业活动的人的技术、诚信和经验；其次取决于公司的产品或服务的市场前景；再次取决于在生产、销售、分发这些产品或服务时获利的可能性；最后取决于生产这些产品或服务的原料的可获得性。当购买股票时，我们就与陌生人形成了商业伙伴关系，因此有权知道上述所有这些事情。

投资不应该“孤注一掷”

但无论我们是投资股票、债券，还是任何其他形式的证券，仅仅对公司进行初步的调查，确信其经营安全和良好是远远不够的，精明的投资人与所投资的公司应保持密切的联系。

我们经常会听说："我不担心自己的投资，在投资之前我已经做过彻底的调查，然后我只是将钱放进保险箱，之后就忘了它。我让它们'随波逐流'，当购买证券后我就终身拥有了它。"

这是对债券的一种错觉，它使投资人每年都毫无必要地损失成千上万美元。在我国经济快速增长的过程中，在一系列瞬息万变的事件中，经济环境正不断地呈现出不同的局面，一项项发明接踵而来，新的发展使以前的发展湮没无闻，我们正不断地进步，一刻也没有停止过，一切事情都在向前发展，否则就干脆放弃。

国民的情绪、思维方式和行为模式摇摆不定，这改变了证券的价值。不正常的收益导致原本预期获利的债券没能盈利，而且在很多情况下，优先股也如此；普通股受到机构变动以及所处行业兼并的影响，与公司发展缺少紧密联系的股东，很容易因这种疏忽而失去宝贵的权利。

正如前面所指出的那样，出售债券的公司若不能出示金融认证声明，它就不是一家适合初次投资人投资的好公司，所以应该尽量避免。有时债券的卖主会告诉投资人金融声明在表明真实情况方面几乎没什么价值，因为这些可根据估算人的意愿而随意显示。

这只是一个拙劣的借口。编制虚假的资产负债表可构成一种严重的犯罪，但假股票的销售者通常不愿承担这种风险。会计师根据特定的法律与道德规定，检查公司的真正财产与负债，并证明所写报告的真实性，来保护债权人及持有公司债券人的利益。

这样的金融声明或资产负债表，正如人们知道的那样，在特定的时候，比如在公司的财政年度末，对公司的经营做出一个简洁但全面的描述。

但是按惯例起草并制定的金融声明，对于普通读者来说并没有多少意义。人们很难分析这种金融声明以及它所显示的公司的真实情况，除非他主修复杂的语言和会计模式，尽管这种情况对于那些受过训练的人来说是显而易见的。

我认为正是穷理查（Poor Richard）〔译注：本杰明·富兰克林（1706-1790）在其所著《穷理查年鉴》（Poor Richard's Almanack）中的人物名〕第一个向人们发出了“不应该孤注一掷”的忠告。顺便提一下，他最终成为这个国家知名的、具有最敏锐头脑的金融界人士之一，也或许就是因为这个原因，投资时至少应该考虑一下他的意见。在投资时，“不要孤注一掷”的规则即选择的多样化，这受到了所有成功金融界人士的支持。

首先美国政府总是在借钱，由于总能购买得到政府债券，所以没必要将资金闲置。大大小小的投资商在购买政府债券时，没有人会犹豫片刻，他们会一直把资金投进去，直到可靠的信息显示有其他利息更高且安全的证券出现。

在了解投资项目这个问题上，作为选择的第一个原则，我们要相信，大大小小投资项目的支柱都将是名列前茅的债券。可敬的美国政府所发行的债券在金融界享有最高的债券评级，比任何其他国家或公司所发行的债券都更有价值，有时甚至被看作是所有债券中的“老大”。这种投资实际收益可能不如其他形式的证券，但是由于拥有美国政府的信誉与公信力做安全保障，加上这个国家忠实的国民，几乎没有比这条件更好的后盾了。

当通过购买至少一两种美国政府债券来奠定投资结构的基石时，出于安全和“未雨绸缪”的考虑，投资人接着就可以开始规划某些扩大投资。这种扩大投资应多样化，以便最终能确保最高的公正回报，同时将利息和本金损失的可能性降到最低。

其他国家发行的债券也可以考虑，在含有优质债券的种类当中，投资人不妨考虑特定的优先股或投资债券，它们受到国家的监管和约束，例如那些已认证的而且保守经营的建筑及贷款协会所销售的股票。

在了解了债券及仔细挑选了优先股之后，投资人应该注意那些声誉良好的企业所销售的普通股票，这些公司在过去有良好的获利记录，而且完全能够保证未来的持续成功和繁荣。

当个人资产包含了债券投资时，明智的做法是不要只购买一家公司的债券，或同领域的债券，这种情况也同样适用于优先股和普通股。这种多样化投资的价值在于人们在各个领域的努力并不都是成功的，一些行业会获得好的效益，而其他行业可能正处于亏损时期。购买多样化债券确实是一种保险的投资形式。

投资的六个年龄段

在我们开始讨论被证明对于不同职业和领域的商业和专业人

士来说，是最恰当的具体投资项目时，我们首先应考虑一下，在人们六个年龄阶段，或者说六个投资阶段要考虑的事，这同样适用于从事生产性工作的人们，而且在某种程度上，带给我们启迪，因为它向我们展示了人们在不同阶段的工作方式。

第一阶段：30岁前

尽管这一阶段是在为将来做准备，并利用别人的经验与智慧，但事实上这时期几乎没有时间和精力去使自己变得更聪明，这个年纪的人应该极为谨慎，但却经常对别人的经验不屑一顾。年轻人很自满，总是不断犯同样的错误，直到自己的愚蠢最终被发现。在这个年龄段，应该选择信用等级高的债券，可能的话同时再购买一些信用等级最好的优先股。

第二阶段：30-35岁

这个阶段的年轻人开始了解人生的真谛，意识到过去犯了很多错误，并且决定以后避免再犯。这是一个开始真正积累的阶段，可选择优质的债券、各个产业及具有良好发展前景的公司优先股与普通股，为累积资产奠定基石。

第三阶段：35-40岁

这是一个走向成熟和充满活力的阶段，创作能力达到了顶峰，这个阶段可能会由于投机而冒点小风险，但却会带来获利。为了进行稳定的投资，投资人可能会购买一些收益较高、信用等级为中等的债券、优先股、半投资型的工业股票、铁路股票和公用事业股票。这个阶段如果能够保证赚钱的话，可以适当进行一些“投机投资”，这种方式介于投资与投机之间。

第四阶段：40-45 岁

这是一个应该谨慎的阶段，因为这个阶段已经接近平均积累期的末期，显而易见，个人赚钱的能力不太可能会越来越高。对于一些富人来说，可以进行一些投机性投资，但那些依靠收益来生活的人在这个阶段应该谨慎，严格地限制自己只对那些优质项目投资。

第五阶段：45-50 岁

在这个阶段损失的钱很难重新再获得，因为对大多数人来说积累期已经过去了。此时投资方式只可选择优质债券、优先股，以及优质的普通股票，除非所投资的钱损失了也不在意。

第六阶段：50-65 岁

在这个阶段应该尽可能地谨慎，以保护自己一生辛苦积累的资产。由于大脑已经不具备早期那么敏锐的辨别能力，所以在投资时应只限制在那些能保住本金而不是带来很大收益的项目。在这个阶段，安全的投资标的就是最优质的债券。但即便如此，投资人在没有获得可靠的建议之前也不应该轻易购买。

工业股票

工业股票是由制造公司发行的证券，对投资新手来说，它不一定是一种良好的投资。一般说来，工业公司的股票可说是“商人的冒险”，但是在仔细研究了所有的因素、管理、营运能力、

财产及市场的总体趋势之后，普通投资人就会认为考虑投入部分资金购买这种股票是比较明智的。

虽然在过去几年，还没有任何一种等级的证券像工业股票这样受到人们的注意，然而却表明这样一个事实，即工业股票的永久价值还没有在很多投资人心中完全建立起来，因为很多人高价购买许多这样公司的股票和债券，是为了获得高额的回报。

大多数工业股票确实都属于投机性的投资，因为公司处于国家经济及金融计划的相对初期，只有在它们度过了如铁路一样长期的经济衰退期后，才能确定这类股票长久的投资价值。总体来说，工业股票比蕴含巨大风险的铁路债券拥有更多的优势，较新的工业股票在被列为是成熟的投资前，必须要经受类似于“铁路股票”曾经受的考验，那些经历过商业风暴的工业股票才可被视作优秀的投资。

工业股票的真正价值取决于企业长久的成功经营，投资人应该认真关注其所生产的产品等级及特性——产品对于整个社会的价值，以及工厂持续运营的必要性。在投资工业股票时，公司控制自己独特行业的能力，无论是通过控制原料还是其他的方式，也是一个应该考虑的主要因素。

从投资的角度考虑，在调查工业股票时，细心的投资人当然会要求公司出示近年的财务报告。在考虑这份报告时，应特别注意对制造厂本身的评估，还有对专利和良好信誉的肯定。

很多情况下，这些评估存在很大的折扣，原因是工厂和机械除了能生产公司的特定产品外，几乎毫无价值。信誉和专利几乎没有什么价值，除非公司的发展势头很好，如果破产的公司要被迫偿债的话，信誉和专利是不会值多少钱的。

在购买工业股票之前，投资人应该了解公司的债权问题和浮动债务，以及优先于普通股获得红利的优先股数量。必须牢记，这些项目构成了对公司收益的留置权，而这被保证能先于普通股获得红利。

在考虑工业股票及其他各种形式的投资时，永远不要忘记，所有学习金融专业的学生都认为，赚钱比管钱以及相应地控制自己的购物行为要容易得多。

公用事业股票

公用事业股票和债券也是另一种重要的投资形式。

在今日美国，人们把更多的钱投资于电灯、发电厂和煤气产业，而不是对钢铁工业、包装业或纺织业进行投资，但只有农业、铁路和制造业集团才超过了电力和煤气公司的联合股本，近来它们一直迅速地从铁路方面获益。

也许关于投资公用事业非凡增长最重要的一点就是：近几年来，公用事业股票和债券在顾客及公司雇员之间广泛分布。据估计，今天仅电力公司就有多达 100 万个股东，而其中大部分是小股东。这种大范围的分布不仅使得公用事业财力雄厚，而且更重要的是，它使得公众对这一产业抱有一种更智慧和赞赏的态度。

我们对这个公用事业有一种公开的情感，包括从同情性的理解到热情的支持，这跟先前在广泛拥有公司有价证券之前所持有的与公司有关的公众观点是两回事。

事实上，由于这种由上百万或更多股东和债券持有者拥有的广泛所有权，公用事业尽管是私人拥有，但从真正意义上来说，却是由公众所有，而且在历史上也许公众的观点也从没有像现在这样对它们这么有利，它们目前的大部分实力都基于这个原因。

对于普通投资人来说，很难找到一种有处于便利地点、经营良好的实业公司的债券，因为它们以令人满意的方式结合了令人向往的投资所具有的所有要素。一般说来，声波、光和热方面的债券的收益比同等级的铁路债券要高，而且在这方面可以与产业债券相媲美，尽管其本身比产业债券有更多优势，特别是在收益的稳定性方面。

关于投资股票的五点建议

为了研究投资方式的基本原则，罗杰·白布森（Roger Babson，1875-1967）（译注：创业家、教育家和慈善家，一生充满了对传统的捍卫和对创新的不懈追求）在他的作品《事业基础》（Business Fundamentals）中，简略地指出了五个方面：

1. 购买时要广泛地选择，不要把所有鸡蛋都放在同一个篮子里，也不要仅仅因为多用一个篮子而使用有洞的篮子。选择那些你了解的优质证券，而不要依赖于任何一种；把你的资金投到至少 20 家公司，而且是 8-10 个不同的行业。

2. 人心惶惶时购买股票，这就意味着别人不买时你正在购买；在经济不景气时，当你的朋友认为某个行业将走向衰退时，你可以购买。记住，当你别无所求地购买什么东西时，却往往物超所值；而当你随波逐流时，往往会蒙受损失。所以在别人恐慌或经济衰退时去购买股票，其他的时间就是心满意足地去研究基本的情况、统计数字和表格，以便为将来属于自己的机会做好准备。

3. 直接买下要买的东西，不要差额购买，也不要去研究记录。你可能会不得不借钱去经营你的正规生意，但是不要借钱去购买证券，只有没负债的人才能了解健康与快乐的真正含义。可能有些时候你必须借钱去买东西，但是除非你是一个证券商，否则永远不要举债去购买证券，因为那意味着彻底买下而且永远不会卖空。

4. 当高点到来时，出售并清理手中所有的证券，把钱变成现金，并使之活用起来。很多人知道什么时候去买，但不知什么时候去卖，有时，在高点卖掉、而在低点购买股票需要很大的勇气。了解基本情况的人知道该怎么兼顾两者，一直关注商业动向的人能够知道买卖的最佳时间。

5. 当出于安全和收益考虑而进行长期投资时，债券是最可取的；不要冒险，不要赌，不要收取各种形式的小费。记住：在股票市场上赚钱的唯一方式就是提供服务，提供服务的唯一方式

就是在充裕时多存钱，并在缺乏时使用，这就意味着，在高点时最好什么也不买，但要一直把钱存到需要的时候再买。借鉴一下制冰人的做法：在冬天冰不受欢迎，这时，他们将冰切割、储存，因为他们知道天热时人们会迫切需要它。所以我说，当商业繁荣，投机盛行，大家都在股票市场赚钱时，请离开这个市场，心满意足地积存你的钱，因为需要大笔钱的那一天会再次到来。

家庭
理财经

为爱家的人量身打造的
财富手册

HOW TO
FINANCE
HOME LIFE

第8章

用投资来累积资产

用投资来累积资产是明智的选择。

一个长期的投资计划主要包括三部分：

第一，按照金融和商业环境轮换投资持有股；

第二，多样化持有股份，无论是债券还是股票；

第三，选择时要科学运用信用等级和经济指针。

穆迪投资建议

对那些要让手头的钱发挥最大效益的人来说，他们越来越意识到将钱进行投资是一项长期的政策。

在为累计的资金计划投资政策或项目时，投资人想要做一个内容包含广泛的计划，应该是能够延续数年而不是用于某一时刻。穆迪投资顾问公司（Moody's Investors Service）已经构想出这样一个长期的投资政策，内容如下：

> 这项计划主要包括三部分，分别是：第一，按照金融和商业环境轮换投资持有股；第二，多样化持有股份，无论是债券还是股票；第三，选择时要科学运用信用等级和经济指针。
>
> 作为轮换持有股份重要性的一个例子，在牛市顶峰时将优质的短期股票售出而转去投资普通股，实际上等于是自杀，而在熊市低谷时进行这种交易，从某种层面上来说却可能收获颇丰。股份多样化是避免因个人错误

而导致损失的可靠方式，同时还能获得证券市场波动所带来的好处；反过来，债券和股票的信用等级也可以很容易地运用到多样化选择的过程中。

为了遵照穆迪投资顾问公司所概述的计划，投资人必须熟悉证券市场的循环，以及持有的不同类型证券的评估进展。这种循环，或者说一般商业和证券所经历的四个不同阶段，可以用下面的方式来表述：在商业扩张时，证券市场处于上升阶段；市场繁荣或膨胀时达到顶点；在被迫清偿债务时走下坡路；在经济深度衰退期时达到低谷。普通商业和证券市场永远经历着这四个阶段，或循环、或不规律地发展，这几个阶段并不是界限分明，而且很难区分一个阶段在哪里结束，下一个阶段在哪里开始，但是希望获得最佳收益的投资人，都应尽可能使自己及自己的股份适应这四个市场。

通常，普通投资人没有时间，也不打算去全面研究时代的发展趋势、经济循环的准确位置或证券市场的四个阶段，以供在最有利于自己的时候去投资股票和债券，给自己带来最大的收益。因此，普通投资人如果不能获得可靠的投资顾问服务，仍应考虑投资资金的安全问题。

美国钢铁大王的投资建议

作为安全因素的指南，即在所有均衡的投资项目中有必要

采用多样化的方式，我们很有意思地注意到安德鲁·卡内基（Andrew Carnegie，1835-1919）（译注：美国钢铁大王，创立“纽约卡内基基金会”，从而奠定了美国现代慈善事业的基础）在他的遗言中写给遗产受托人的指示：

> 我授权（委托）将钱投资于由纽约州法律批准由储蓄银行所发行的作为适当投资的证券，或者投资对普通股来说拥有美国铁路第一抵押权的债券，在投资后的头两年就可以获得红利；或投资美国任何具有较高信誉度的干线铁路债券，这些债券在投资的前五年马上就能为所有的股票定期支付红利；或投资于任何这样的公司优先股或任何美国工业公司的债券或优先股，而这些债券或优先股在进行投资的至少头五年能够对所有的股票支付红利；或投资在美国拥有第一抵押权的完善地产，在一些有能力的评估者看来，其价值已经超过了抵押财产的50%；或投资购买已发行的债券、由满足上述条件的具体的债券及抵押物作担保抵押公司或信托公司的证券。

这位精明的苏格兰人过去是白手起家，他刚开始进入商界的周薪仅为1.2美元，但却能积累巨大的财富，看来他对信托公司的指示好像他一生财富经验的总和，当投资人被缠着把钱放到可获得100%或更高净回报的投资标的时，应该认真思考一下这些指示。

除了由钢铁大王制定的规则外，投资人会发现进一步验证所欲购买的证券会很明智。对于债券，他们可提出如下问题，并根据获得的答案来决定是否购买：

1. 在过去的五年里支付了多少次利息？

2. 公司有多少年没拖欠利息？

3. 该债券发行后是否还有其他优势债券或优先股和普通股？

然而，有许多新发行的债券也证明是极佳的选择，投资人可将之纳入计划。市场上有些股票，无论是优先股还是普通股，对上述问题都不能给出令人满意的答复，也不属于卡内基遗嘱里所列出的范畴。然而很多新发行的股票却适合于长久投资计划，实际上，它们可能会更有价值，或比一些经过验证的股票具有更大的升值潜力。

五大投资标的

为了分散风险，投资最好不少于五个标的，每个标的资金数量应取决于资金的整体规模。这五个优先标的包括：债券、优先股、普通股、半投资普通股、银行储蓄存款。

一般说来，债券是基础，或是投资计划的主体，因为理应如此，所以应将投资资金的最大部分用来购买债券，而且这部分资

金的绝大部分应用来购买安全系数最大的债券，尽管这种债券获利能力或利息很低。其余则可选择一些发行时间较短，同样安全，利息率却很高的债券。

优先股应该是那些成熟的工业、铁路、商业及公用事业的股票，这部分的投资比例应该少于或几乎等于购买债券的数量。

债券和精挑细选的优先股一起，使得投资人能够将自己半数以上的资金不受市场波动影响，且这些证券能够在必须或想要借钱的紧急情况下提供担保价值。

根据投资资金的数额，普通股允许投资的数量可以从总量的25% 向上浮动；此外，储蓄银行准备金不可少于总额的 10%，当全部资金数额较大时，可降到 2.5%。

一个人用于投资而积累的钱越少，就越应该坚守安全底线，因为获利在很大程度上取决于投资最后的结果是成功还是失败。为了获得较大的收益，只投资几千美元的人不能与那些投资数倍于自己的人冒同样的风险。

我们必须意识到，下面的投资项目计划所提到的建议，反复考虑了建构家园或养老保险方面所需的资金。如果保险还没有包括在投资里，那就应该从总金额中取出足够的钱运用到这方面，特别是当投资人还有其他人要依靠这些钱来生活的时候。当这一切完成以后，投资人可以用其他的投资收益来支付保险费，剩余的钱可以再用作适当投资。

投资的部位配置

处理 5000 美元和 10000 美元的区别，就是后者可以投资几个不太保守的证券和一两只普通股。然而在作出选择和承诺时，投资人应继续保持谨慎。

对于 10000 美元的投资金额来说，大致平衡的分配方式应该是：债券的安全性要高于获利性，金额为 3800 美元或总金额的 40%；投资于成熟工业、铁路和公用事业的优先股为 2850 美元或总金额的 30%；可以把 2850 美元或总投资额的 30% 分成两份，用来投资普通股票和购买半投资性质的普通股票。

值得一提的是，上述引用的关于投资金额分配是在扣除储蓄银行准备金以后的百分比，而在这种情况下，储蓄银行准备金应为总资金的 5%。

在为投资人提出 10000 美元的投资计划中，包括四组价值为 3830 美元的 1000 美元债券，平均获利为 5.62%。第一组包括一家可靠的公用事业单位、一家知名的工业公司和两家不同的铁路公司，它们都经受了严格的安全和大量的保障考验，这些债券尽管获利较低，却很受人们欢迎。这些债券的年净获利大约为 215 美元。

在为 10000 美元投资人所提出的计划所涉及的 35 只优先股中，我们发现有 10 只为铁路股、10 只为工业股、15 只为实业公司股票，这三种股票的平均获利率为 6.38%，使得 2820 美元的投资年获利为 180 美元。

对于上述所列的普通股票，建议将一个著名公用事业股票中的 12 只作为投资普通股票计划中的主体，与之相对应，另有 10 只未来有较大获利空间和升值可能的铁路股票；普通股票的平均获利为 6.49%，即 2764 美元的投资年获利为 178 美元。

在所提到的计划中，整个小组的证券平均收益率大约为 6%，再加上储蓄银行准备金 23.44 美元，10000 美元的年获利为 596.44 美元。

对于 25000 美元的投资基金，建议投资方式如下：债券应为 8400 美元，或为总金额扣除掉 1000 美元储蓄银行准备金的 35%；优先股应为 6000 美元，或总投资额的 25%；对于普通股票来说，无论是投资性质的股票还是半投资性质的股票，金额为 9600 美元，或为总投资金额的 40%。

要注意的是，在这 25000 美元的资金中，尽管普通股的收益既大于债券又大于优先股的收益，然而债券和优先股的总量却超过了用于一般性投资和特别投资的普通股票，这是要为投资计划奠定结实的基础，从而能确保投资人避免重大损失。

这种安全系数因为股票本身的多样性而进一步提高。例如，值得一提的是，很少同时持有同一类型的两种股票，如果铁路股票不获利，工业股票就可能会碰上一个好年头；或者如果工业股票被淘汰的话，精挑细选的公用事业股票也会平衡这个损失。

不同阶层的投资策略

工人

对工人来说，只有一种可能的投资计划，就是把积蓄投到在需要时能随时取出的地方，在具有较高安全性的同时，还能带来收益。

工人进行的第一笔投资必须是正确的人寿保险，以便于在他们离职或不能赚钱时，家人能够获得保障。这很有必要，因为工人也不能确定自己的赚钱能力能维持多长时间而不削弱，而且对他们来讲，让家人去履行自己应承担的义务也是不公平的。

除了人寿保险，工人接着可以将自己的钱安全地存入储蓄银行。还有一个更好的方式就是将钱投资到建筑和贷款股上，这种方式要求每个月都要有特定的储蓄，不仅能促进节约，而且有助于为日后的建屋借款建立信誉，同时，他的储蓄也能获得很好的回报。

很多较大的公司为了促进员工节约和提升幸福感而作出安排，使他们能够以宽松的支付方式来购买公司的股票，有时甚至以低于市场的价格来购买。工人可以购买一定量这样的股票，但是不应该将所有的积蓄都做此投资，最好的理由就是他可能会失业，同时如果他投资的公司所从事的特殊行业处于衰退期的话，他的投资不会产生任何红利。

除了工作的公司所提供的有限利益外，任何一名普通工人都不应随意购买股票；相反，他最好将自己的一部分储蓄投资到具

有良好收益的债券，或几只优先股。

如果工人能够避开各种投机性质的证券，只购买前面几段所提到的几种证券，那么逻辑上，他可以预期投资3000美元一年的收益大约为175美元。这可能根本比不上一些股票营业员华丽的承诺，但它却是极为安全可靠的。同时，工人也不应该忽视复利所产生的奇迹，这将远远大于营业员最华丽的承诺。

工人的储蓄——他的节约资金，就是他置于家人和自己欲望之间的障碍，这使得他不至于失去这个家，也会确保孩子生病时能够得到医疗救助。这是一笔应该仔细呵护、多加保护的资金，如果把它用来进行投机，他很可能就会发现这种障碍消失了，这时他几乎不能承受失去这样的保护，那么他和他的家人都会深受其害。

商人

商人在做生意时就是一种投机，通过对供求规律的掌握，他们尽力去储存一些畅销货，而且经营时有利可图。在他的投资计划中，不会再有进一步的投机行为。

小商人投资计划的目的就是要建立独立的金融安全体系，以便在家庭陷入困境或发生紧急情况时，为了他的生意能够提取这笔资金。只有经过慎重选择的最优质证券，才会有这种独立性。

除了本金的安全性外，商人可能会放心地将自己的盈余资金进行一些投资，他们有利的特点就是具有畅销性和很高的担保价格。任何一个生意的生命周期都有很多阶段，在这些阶段里，快速筹集额外资金既是可取的，也是非常必要的。由于证券的畅销性，这一切变得可能，或者手中持有的股份在银行有很大的“贷款价值”，他可以用手中的股份去贷款，来解决迫切需要解决的问题；优质的债券以及纽约股票交易所列出的经慎重选择的股票，通常都具有这些特点。

虽然小商人在自己的行业中取得了成功，获得了盈余资金来进行投资，却并不表示他们的商业意识有所提高，使他能够识破公司促销过程中供货商的把戏，或者对付那些职业商人或操盘人，因为对这些人来说，股票市场上的投机行为是很正常的。他们应该认识到在自己经历的商业经验之外，他们有一些选择局限，所以应将资金主要投向安全性较高的债券和最优质的优先股。

工薪阶层

尽管由于害怕灾难事件对生意的影响，小商人丝毫不会偏离安全的轨道，但是对于商业领域的职员和其他工薪阶层来说，不会有银根紧缩的问题。

所谓的白领工人通常能比普通工人和小商人更好地获得金融判断力和投资信息，同时与普通工人所接受的教育相比，他所接受的教育使他能更容易理解金融动向，而且通常不会受到失业期的影响。

对于工薪阶层来说，他们想要打下稳固的经济基础，并为摆脱工薪阶层获得经济独立做好准备，最好的基础就是各种获利较高的投资，包括：优质债券、慎重选择的优先股，以及少量成熟公司，例如铁路、公用事业或工业公司的普通股票。

工薪阶层不需要像小商人那样过多地关注畅销性和担保价

值，因为他不太可能需要用他的储备资金来应急，因此，他可以购买随着企业发展，价值也可能随之上升的长期债券和股票来获得高收益。

在投资计划中，工薪阶层优先要做的事情就是在面对众多机会时能区分好坏。

专业人士

教师和牧师等行业不仅高度专业化，而且，与其他职业相比，通常也没有太多资金进行投资。因此，教师和牧师们的节俭就应该发挥到极致。

对于教师和牧师而言，人寿保险与年金应该构成投资计划的主体。当他们上了年纪，必须让位于更年富力强的具有更为先进的教学理念的同行时，这种保护就很有必要。在确保退休后一切所需都能履行后，牧师和教师就可以关注其他形式的投资，这些行业的人由于没有专业的金融或贸易经验，应该只购买最优质的证券。

实际上，在各行各业的投资人当中，教师和牧师拥有能有效安全地运用资金的最完备知识，因为从事这些行业的人天生具有领导才能，而这应该是投资的基本原则，这不仅仅是为了保护从事这个行业的人们，也是为了保护那些在许多事情上都向老师和牧师寻求指导的人。从事这两种职业的人所承担的金融责任有一定的重要性，但是当前几乎没有人意识到这一点。

特别是牧师，有很多特殊机会可获得可靠的建议，因为他们能够接触到一些重要的市民，而且与他社团里主要的银行家和商人保持友好关系。教师也有很多相似的机会，即使不是直接与那些拥有较高声望的商人和金融界人士保持联系，却可以通过他们的孩子获得一些可靠的信息，因为这些孩子是自己的学生。

专业人士需要为他的资金进行投资，而且更大程度上，需要比商人进行更可靠的投资形式。与商人和制造商不同，他不可能将自己的资金投在商业领域，以期待所投资的商业能壮大繁荣，为自己的家人创造财富。在做生意时，他只能谨慎地利用一定量的资金来购买新的设备、器具和办公用品，所以，他必须用他的盈余资金来进行投资。

专业人士投资计划的第一个坚实依据，就是找一家可靠、公正的投资公司。他需要这样公司的服务，和其他行业的人一样，需要为他们的物质福利和身心舒适提供专业的服务。

事实上，整个投资基础都是建立于这块基石上。在选择能和他们交易的投资公司时，如果专业人士能像商人般慎重地选择医生或外科医生一样，那么他根本就不用担心自己的投资行为会出错。

专业人士必须进行投资，但是在现实的情况下，他们不能够进行投机行为，特别是利用利润进行股票投资。对于一个医师来说，把病人放在一边，来答复电话另一边的人所提出的希望获得更多利润的要求，这对于他的信心和职业尊严来说都是不利的。据可靠的说法，专业人士持续周密地查看股票行情记录会使得他分神，不能继续正常工作。

专业人士应该将他的盈余资金投资包括人寿、医疗、意外保

险，以及优质的债券和慎重选择的优先股等证券，以用于养老及为家属提供舒适安逸的生活。

女性

几年前存在着这样一个迷信的说法，就是向女投资人出售任何安全性低于美国政府债券的事物都是有罪的；甚至在今天，金融改革者在很大程度上仍是以降低寡妇的损失为呼吁。

在整个国家，有数以千计的女性已经证明了她们在金融领域被看作是敏锐的、思路清晰的人，损失金钱的女投资人只能自怨自艾，因为从最优秀商人那里获得免费的正确建议对她们来说是轻而易举的事。

对于女性，正如对于其他投资人一样，首先应该将资金投向优质的证券，为以后的需要打下保障的基础。储蓄银行、建筑和贷款股票以及最优质的债券，都应该是女士的投资首选，无论她们是商界人士还是家庭主妇。当她们已经打下了坚实的经济基础，足以使她们在艰难困苦之时也能过上舒适的生活时，她就会将精力转移到能给自己带来更大收益的证券和股票上来。

大多数由于投资不善而遭受损失的女性，最常做的事就是急于自责，她们不会花足够的时间来认真考虑和彻底调查她们所买的金融商品。很多老年妇女把储蓄的损失归咎于购买了不良的证券，“他是一名非常优秀的年轻人，他说这只股票是特别为我准备的，我必须马上接受，否则他会把这么好的建议推荐给别人”。

当然在证券销售市场有很多优秀而完全可靠的年轻人，但如果这些年轻人的建议能经得起彻底调查的话，他们就不会如此匆忙地进行销售。那些半信半疑的人应该将这些“正派的年轻人”从各种商业交易当中淘汰掉，只从那些既不这么“优秀”、也不是急于销售的年轻人手里去购买证券。

对女性投资人来说，除非她在选择和判断证券方面拥有充足的经验，否则有一条她永远不应该忘记的安全规则：在进行投资之前，至少应先向两位具有较高信誉的商人征求意见，且这些人与销售证券的公司没有任何利益关系。

不幸的是，大部分丈夫并没有时间去指导妻子如何投资，或教会她们如何区别“可靠的顾问”和那些“只是利用女性在金钱上的无知来赚钱的人”。

再说到寡妇，有很多顾问乐意帮她们“投资”。当哀痛的时刻已经过去，继承了遗产，任何人都会有一些计划去处理到手的钱财。不久前，一位要投资 20000 美元的女士在报纸上刊登一则征询投资意见的广告，对于这样一则广告，她收到了 263 份答复，根据一位受过训练的金融界人士分析，其中只有 16 份是来自于信誉度较高的投资公司，其余的只有 4 份听起来比较合理。

所有女士投机的本能都是很强烈的，也就是说，普通女士的投机本能要强于普通男性。由于这种投机的本能，她更容易听从那些较小投资而获得巨大收益的故事，并且容易屈服于那些推销者的甜言劝诱。

在一项案例中，我被一位特殊的寡妇所吸引，找到了一个罕见的例外。她没有倾听承诺大额回报的诱惑，也没有答复任何一个广告所收到的回复。也许她对如此多样的可能性感到迷惑，也

许她察觉到了信件中所隐含的某种不真诚，也许是因为她了解到有许多赚钱的方法，但也有许多损失钱财的方式。总之，她没有将自己继承的财产浪费在无用的投资上，出于某种难以解释的原因，她带着自己的投资问题来到一家信誉度较高的投资公司，并且从那时起过上了快乐的生活。

经常往来的银行就能够提供给妇女实质援助，来选择正直可靠的投资商，且大多数银行会帮助客户来评判经纪人的名望，比较大型的金融机构甚至有很多关于经纪人经商道德和方式的卡片索引，以及对他们优缺点的记录。

金融资源相对有限的寡妇，被迫依靠以数额相对较小的资金回报来维持生活，虽然身边总有很多高获利的诱惑缠绕着她们。一般说来，她应该永远记住，随着获利升高，安全性会降低，高回报往往附带着高风险。

多年的经验显示，对于没有在商业方面受过教育的寡妇和孤儿来说，选择优质的证券是个不会错的原则。在现实的经济条件下，那些充斥着投机推销商的抱负、希望和空话的股票，并不适合她们投资。

美国政府公债，例如自由债券，是她们进行投资的理想债券，应将一部分资金投资到这样的债券。然而由于获利相对较低，寡妇们希望选择一些管理能力强的铁路、工业和公用事业的股票。在打下了这样的基础之后，她们就可以通过投资业绩良好并且经过慎重选择的绩优股来大幅提高获利。永远要记住：对于寡妇和孤儿来说，投资的第一要件就是要保证本金的安全。

投资证券的四大考虑

根据罗杰·白布森的观点，在投资证券时要考虑四个因素，它们是：第一，安全；第二，畅销性；第三，收益；第四，道德因素。这些因素和它们按照重要性进行的排序，特别适用于那些没有受过商业和金融教育的寡妇和孤儿投资人。

作为适合所有投资人的投资建议，我们运用铁路上所使用的警告语“停！看！听！”来做说明：

停：不要因为股票或债券销售人员说价格马上要上涨，或只剩下不多余额，而任由自己草率去投资。

看：仔细调查提供给你的、为你的储蓄和收益进行的投资。你曾拼命地赚钱，在将它交给别人进行投资前要仔细地调查，特别是当你不了解所投资的公司和销售人员时。

听：听从投资经纪人或银行家所告诉你关于投资的信息，他们处在金融产业信息的交叉口，尽管可能会犯错误，但是和那些不同于这些经历的人相比，由于他们所受到的训练和所拥有的信息渠道，他们更有可能是正确的。

家庭
理财经

为爱家的人量身打造的
财富手册

HOW TO
FINANCE
HOME LIFE

第9章 养　老

人体这台机器总会损耗的。

父母有责任为将来不能赚钱的

那一天未雨绸缪。

孩子有义务确保父母老年时的收入，

不为别的，

就为父母花费了毕生最大的精力

为了子女的幸福和成功铺路。

为晚年早做准备

晚年不是一件令人羞耻的事，相反，却应该是令我们所有人都殷切期待的状态，因为这是我们能收获人生最大成就的时期——如果老年阶段能表现出我们早年所拥有的精力、能力以及敏锐的判断力。

老年有一项优势，就是我们可以提前做好准备。为老年做好准备的重要性，与我们必须为家里第一个孩子的到来支付我们所知道的额外费用是一样重要的。我们不能为舒服地进入这个尘世做好准备，但我们能为体面地离开这个尘世做好准备。

当然从另一个角度来说，衰老过程所花费的，要超过出生时所花费的。也许这就是我们有机会做好准备的原因，而且拥有比我们父母为我们的到来做准备的时间要长得多。不能仅仅因为我们的父母支付了我们出生时随之而来的费用，我们就期望在人生旅程的另一端得到很好的照顾，让孩子支付我们去世时的费用，这是没有理由的。

普通父母花费大量的时间，做出巨大的努力、付出很多的精力、花费很多的心思来考虑孩子的健康幸福，这是理所当然的。父母都会希望后代能够实现自己没有实现的理想和抱负。孩子们值得人们的关注，因为这是进化的结果，但是在关怀孩子的同时，父母们也不应该逃避责任，要为自己将来失去劳动能力时未雨绸缪。

人体这台机器总会损耗的。随着时间的流逝，我们会发现逐渐地失去了过去的体力和耐力，几乎没有老人愿意承认这一点。但是事实上，大脑的反应速度也变得越来越慢。对于我们和我们的老年同胞来说，我们的责任就是在精力充沛时要确保当我们不能维持基本劳动能力时，不会成为别人的负担。

听曾经风光的老人讲过去的故事真是件悲惨的事，听身无分文的老妇人说着悄悄话，讲述她过去作为幸福家庭的女主人的日子，真是让人心痛。但真正的遗憾并不在于故事本身，也不是讲故事的人，而在于这个事实：在大多数案例中，这种情况是不必要出现的。

在这片充满机遇的土地上，我们大多数人能够创造出超出我们真正所需的东西，但我们却几乎没有为不知不觉就到来的老年生活做什么准备。在我们年富力强时所获得的这么一点积蓄，这么一点储备，如果恰当地管理并安全地投资的话，故事里所出现的悲痛情况就没必要发生了。

我们每个人，无论男士还是女士，必须要考虑未来的需求。一些父母对孩子如此慷慨，以至于为了他们的未来不惜牺牲自己的一切，并且天真地以为孩子们会感激他们所做出的牺牲，并在

人体这台机器总会损耗的。

未来的日子里也会深情地关爱着他们。有时孩子们确实感激并记住了这一点，但通常不是这样。

晚年生活可能是平静的、平和的，可能充满阳光，也可能是独立的，但无论是否如此，主要都取决于 30-50 岁这段时间里，我们做了怎样的准备。

统计数字有时对我们真是一种侮辱。根据统计，只有 5% 的人在去世时会留有财富，这是一种侮辱；另外一种侮辱就是，65 岁以上的人，有 85% 的人要依靠朋友、亲戚或救济来生活。

然而，看起来成功经营家庭的计划中，最符合逻辑的部分就是要考虑到父母们在晚年有一份固定的收入，让父母不至于成为那 85% 中的一员，这是父母和孩子都有义务要考虑的事情。

父母有责任为将来不能赚钱的那一天未雨绸缪，以便自己和配偶不至于成为别人的负担。孩子有义务确保父母老年时的收入，不为别的，就为父母花费了毕生最大的精力为了子女的幸福和成功铺路。

年长者理应拥有自己的家

这是一个怎么说都有说服力的观点，即父母在晚年时理应拥有自己的家，理应拥有一个幸福的家，一个不是寄人篱下的幸福的家；无论儿女多么仁慈和大方，在他们的家里，老人都享受不到在自己的小房子里所拥有的幸福。老年父母需要获得最大的幸

福，需要一个能够随心所欲的地方，周围总有能让他获得最大快乐的事物。在这里，所有的时间、习惯和模式都是自己制定的；在这里，他们可以接受老年朋友拜访，而不会受到年轻人新事物的打扰。

在组建家庭和修建房屋的时候，屋主应该记住这一点，且不要因以后的计划而被遮掩和避开，这些计划包括：选择第一栋房屋、把孩子带到这个世界、教育孩子、为他们规划美好的未来。孩子们总认为这些事都是理所当然的，来到尘世、经过自己的奋斗取得成功，却没有完全记住父母为他们所付出的努力。

每个月需要多少钱才能维持一个家庭，并让父母过得舒心呢？一般说来，人们在晚年时不需要获得早年时所需要的那么多东西，就可以获得同样的欢乐。他们的花费不多，他们更容易满足于比较简朴的东西；他们的要求不多，也不昂贵；他们最需要的就是一个令人愉快的家和平静的生活。但是平静的生活只能来自保障，这就意味着无论我们为父母的晚年收入采取哪种投资方式，最主要的考虑应该是："始终如一的安全。"

如何为老年生活投资

如果我们不想依靠别人的慷慨和救济的话，让父母拥有晚年收入的真正秘密就是在不知不觉变老之前先做好适当的准备。正如我们在白布森先生所做的调查里发现的那样，普通美国家庭的真正悲剧在 65 岁后就已经来临，这场悲剧的发生是因为人们在生产力处于顶峰时的几年里没有做好恰当的准备。

如果我们能确保 65 岁时拥有 75000 美元的财富资本，就不必为钱发愁。因为我们可以放心地认为，只要活着，至少每年可以收入大约 4000 美元，而这个数字意味着一种独立。

在富比世杂志上刊登了一篇由 R.P. 克罗福德（R.P. Crawford）（译注：内布拉斯加大学教授，1931 年开办创造力培训班）所写的短文，他说在 62 岁，而不是 65 岁的时候，以简单的方式拥有 75000 美元是一件很容易的事。以下就是这篇文章：

> 你想要确保在 62 岁时拥有 75000 美元的财富吗？而且进一步假设，假如你去世于 62 岁以后的任何年纪，将能留下不少于 1750 美元的财产吗？答案就在这儿：
>
> 你能从 20–26 岁每周存 5 美元（整整 6 年），或者，如果你已经快 26 岁了，你已经存 1750 美元了吗？
>
> 你能从 26–37 岁每周存 10 美元吗？
>
> 你能从 36–50 岁每周存 15 美元吗？
>
> 50 岁以后你就不需再存任何钱了？
>
> 如果你只想拥有 25000 美元，你可以把金额的三分之一存起来。如果你想拥有 50000 美元的话，你可以存三分之二。当然，其他年龄段的人也可以实行这个计划，只不过开始得越晚，完成得也就越迟。

> 成功实行这项计划不需要凭借任何高度的投机活动，它只依靠你的能力和意愿。首先，从20岁开始，每周存5美元，或者在21岁时已经准备好了260美元（当年）。尽可能快地将这笔钱以6%的利息进行投资，优先选择安全的债券，每次都尽可能快地将利息进行再投资。
>
> 26岁时你就至少拥有1750美元了，如果有零星数量的钱找不到利息6%的投资，那对最终的结果不会产生太大的影响。在前六年，我们已经对那一点做了大量的考虑，这些少量的资金一直在储蓄银行里累积，直到足以将其投资在获利为6%的安全债券；其后，当你开始累积数量更大的资金、获得更多的利息时，这种困难就会消失。

但克罗福德先生提出的计划有另一个较小的意义：要是前六年的储蓄计划能够完成，就能保证62岁以后独立的晚年生活。正如他所指出的那样，如果从20-26岁每周都能存5美元，并将这些储蓄以6%的利息进行投资，累积就会达到1750美元。

那么，现在假设一个人不想再有进一步的举动，储蓄到此为止，或者让这笔钱一直投资，不再增加，只是把它作为晚年独立的保障。26-62岁是36年，将1美元按利息为6%的年复利进行投资，36年后其价值为8147美元，因此，我们在20-26岁之间所储蓄的区区1750美元，竟会增长到14057.25美元；

如果我们按照 6% 的利息将这笔钱进行投资，然后取出每年的收益来支付当前的开销，我们每年就会获得超过 943 美元的收入，或者每月超过 78 美元的收入。

正如许多上了年纪的人所说的那样，保证每月有 78 美元的收入，以及 14000 美元投资基金做后盾，来应对突发的情况，这就意味着经济独立，就能使晚年生活如晚霞般灿烂，而不是成为大家所了解的那种黑暗、极其痛苦的世界。

家庭
理财经

为爱家的人量身打造的
财富手册

HOW TO
FINANCE
HOME LIFE

第10章 遗嘱、信托和遗产

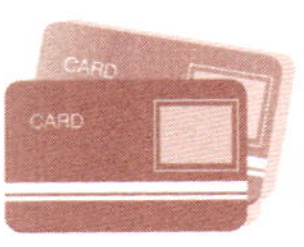

财产必有主，这是一条法令。

当一个人立遗嘱时，

他有权指定个人或组织去掌管他的遗产，

并且确保遗嘱规定的条款得到实施，

这样的人或组织被称为遗嘱执行者。

立遗嘱的必要性

财产必有主，这是一条法令。活着时财产属于我们，一旦我们去世，它就马上易主了。我们去世后谁会是它的主人呢？法律准许我们在去世前亲自决定，如果我们不这么做，留下做出相应决定的书面证据，法律就会介入并为我们做出决定。我们只能通过一种方式来做出这个决定——以书面方式留下遗嘱。没有留下遗嘱的人被称为“未留下遗嘱而死”，根据财产所在州的法律条款，他的财产分割和分配方式可能与他的本意截然不同。

任何拥有财产的人都既有特权又有义务去设立遗嘱，不管这些财产是不动产还是动产，无论是土地、楼房、钱、物质财产、股票、债券，还是任何证券。任何人，无论是年老还是年少，也无论他的财产有多少，都能立即指明在他死后将他的不动产和个人财产在他所希望的人之间分配，或捐赠出去，或进行慈善活动；除非是他自己的愿望，要严格按照法律规定的比例来分割财产。人们往往很少愿意严格按照法律的规定来分割财产，如果有未成年子女，或没有直系后代，法律的规定很少与财产所有人的自然愿望相吻合。

任何拥有财产的人都能立遗嘱，
不管这些财产是不动产还是动产。

很多人会把立遗嘱的事不断推迟，以便于所有的财产能够合适地裁定，或者一直等着，看看女儿将来会生个男孩还是女孩，或者儿子和他的新婚妻子能否相处融洽，或者其他一些与设立遗嘱无关的个人原因。这样的耽搁是没有必要的，因为一个人想要做出更改或取消遗嘱是随时都可以这样做的。

要记住，最重要的事情就是不要将订立遗嘱推迟到明天。在计划立遗嘱时，必须要预料到很多事情，每一个能想到的意外事件都应该考虑进去，孩子的出生、结婚及死亡，都可能会干扰并改变最终渴望的分配结果。财产的性质和价值可能会发生改变，家人在物质方面的要求也可能发生改变，而且指定的财产分割人可能比立遗嘱的人早死。因此，在订立遗嘱时最好考虑这些可能性，并且每隔一段时间就要看看，是否在遗嘱里做些改动，或订立一个新的遗嘱来完全取代它。

书写遗嘱的方式是非常重要的。遗嘱应该书写清楚，以便使订立者的意图简洁明了，因为仅仅一个单词或短语不易理解，或者一个小的细节确切意思不清，都可能会在所指定的人之间造成长期、痛苦、代价高昂的诉讼，因为共同分割这笔财产，使得本来应该友好团结的人之间可能造成一种敌意。

委托专业人士或公司服务的益处

应该委托一位称职的律师来起草遗嘱，因为遗嘱的措词和语言表达有特定的法律要求，特别是各个州有不同的具体条款；与不熟悉法律中各种细微差异的普通人相比，律师能更好地解决这些问题。相比于一份正确起草和执行的遗嘱对财产所发挥的保护，律师由于提供服务而收取的费用是微不足道的。

但是，在订立遗嘱之前，咨询一下知名信托公司的人员，了解一下是否有可能建立一种托管关系，以便积极地确保财产能准确地按照意愿进行分割，或者受益人应该受到保护，以避免生活陷入困境是比较明智的。在这种关系下，任何一家信托公司的职员都乐于提出建议，并指导人们找称职的律师起草遗嘱。

很少有人进行商业活动仅仅就是为了从积累资金或财产中获得乐趣，一想到我们的家和家人，我们工作时就有了动力。不幸的是，我们大多数人都忙于从事积累上面所提到的构成适当财富的东西，在遗产的创立者去世后，我们几乎没有时间，也不想去教育我们的家人，如何恰当地使用和管理这笔遗产。精算组织的记录真实地呈现了这一点，即普通人家的遗产在其创立者去世七年后，就完全地消失、浪费、丢失或被盗。

很大程度上，正是在这些情况下，或出于这些原因，就产生了我们所了解的信托公司。我们可以把信托公司定义为金钱或财产的守护者，接受过高度安全细节方面的训练，具备高度合法的保卫功能，使其在处理托付给自己的事务时几乎不可能出错。

信托公司进行的服务几乎可以满足任何家庭或遗产的需要和要求。他们的收费只是按照实际的工作来收取，而且他们的最高收费是法律明确规定的，尽管人们经常发现他们所收取的费用实

际上要远低于法律上所允许的金额。

适当地保护一个人年富力强时所获得的财产，以及在一家之主去世后维护其亲人的利益，只是成功经营家庭的一部分，正如资金的积累是为了建造家园一样。以下简单地描述一下信托公司的功能，以及这些功能发挥作用的方式。

信托的好处

以下介绍现代信托公司以代理人身份提供的服务种类，供大家参考：

信托公司接受来自个人或公司的证券监管，并出具收据。首先这确保安全地保管这样的证券，因为所有现代的信托公司都装备着最新式、最现代的保管库，当证券的主人把证券存放进去时，他就向信托公司出具一份指示函，说明信托公司关于账户要承担的全部责任。根据这些指示，信托公司会为寄托人的账户托收、贷记该账户，或将委托它保管的财产所产生的收益汇寄给寄托人。在投资期满收回本金时，例如收兑的债券或期满的债券等等，它遵守对所获得的资金进行再投资的指示，或准备提供一个再投资的安全计划。

经代理人授权，信托公司要准备好联邦所得税法规定的所有权证书，以便在托收时与息票放在一起递送。

而根据委托人的具体指示，信托公司可以购买或销售证券。

按照寄托者指定的次数，信托公司将提供定期报表，显示出所保管的证券、所收到或支出的资金。当被要求这么做、或定期这么做时，信托公司要对客户的投资出具报告，而且这些报告应该提供如下信息：股息的增长、减少和变化量；将债券转换成股票的特权；认购新发行的债券和股票的权利；利息终止时债券的收兑；指定接收人；指定保护和重组委员会；重组计划的细节。

信托公司要代表客户负责支付不动产和动产税、抵押和银行贷款的利息，以及人寿、防盗及火灾保险费。房屋财产的出租和销售、房租的收取及房屋的修缮，也都包括在信托公司为客户所提供的服务范围之内。

为孩子、亲属及其他家属支付津贴是它的另一项服务内容，这项服务受到大家的喜欢，这不仅仅是因为它容许定期支付家属以之为生的津贴，而且免除了慈善款有时要求直接由个人支付这样的问题，在很多时候这是一种令赠与者和接受者都讨厌的行为。

当一个人渴望摆脱琐碎的日常忧虑和管理财产的麻烦和苦恼，同时还能感觉到他的财产会受到专家的监管和留心，这时他会觉得，具有各种组织形式和配有现代设施的信托公司随时会为这种代理关系提供无微不至的关怀和周到的服务。

信托公司并不参与任何股票公司的促销活动，不从事担保业务，也不进行联合担保或参与忠实保险，它并不进行投机活动，不会用委托给它的财产进行任何冒险投资。它不会把信托资金混合起来，而是使每一笔托付的财产和证券保持彼此的独立性；它并不保证所处理的信托资金的固定收益，但确保客户获得与本金

绝对安全性一致的最可能收益。

自愿信托（生前信托）

信托公司所提供的越来越受欢迎的服务形式之一被称为自愿信托或生前信托，目的是在客户与信托公司达成委托协议后，该服务能在他有生之年生效。

这种信托通过协议将个人的全部或部分财产转移给公司，协议具体规定了信托公司如何处理被托付的财产，以及如何处理获利和本金，这种生前托付或自愿托付可以是不能撤销的，也可以由订立者根据意愿终止。很多商人从事高风险的行业，或从事的行业损失钱财的机会与获得大量回报的机会相互抵消，他们发现不可撤销的托付明显对他们有利，因为这能够保障他们商业的低风险性，不会让他们在某个时刻完全破产。

因此，在生意兴隆时，商人会将一部分财产以不可撤销的托付方式转移给信托公司替他管理一段时间，或在有生之年为他管理，以及在他去世后为他的继承人管理。转移到信托公司的这批财产，由于不受自己的直接控制，即使在他生意迫切需要资金的情况下，也抽不回本金来应急；它也不会被用来进行投机行为。事实上，通过生前不可撤销的信托，他已经使自己避免在将来犯错误，也避免了自己所从事的生意陷入衰退的可能性。

自愿或生前信托的目的是多种多样的，下面是一些信托可能会达到的结果：成功地处理因生病而被迫退休的人的生意；为年老体弱的人及残疾者提供一份收入；为未成年人建立一份基金；为特定的人群提供支持或教育；为特定的宗教或慈善组织提供一份收入；在配偶的有生之年为其提供一份收入；为未婚夫或未婚妻提供一份收入；提供一份夫妻财产协议；按照离婚协议或分居协议，提供一份收入；人寿保险资金的领取和支付。

这样的信托协议期限为“两代人的寿命再加上 21 年”，意思是不超过在信托协议中可能被指定为受益人的两代人的寿命，并往后再延续 21 年。

在自愿信托或生前信托按订立者的意愿可以撤销的情况下，人们就可能会在选择中止协议时，从信托公司那里取回财产。这些信托可能会延续几年，或者是在订立者的有生之年有效，或者在他去世后在配偶或孩子的有生之年有效。

按照法律的规定，托付订立者能确保自己的财产可得到恰当的管理和投资，同时还能免除与此相关的所有负担和责任。它提供了一种方式，该方式使人们在确保财产免受损失的同时，还能享受到财产所带来的好处。

统计显示，就寡妇和儿童而言，由于缺少商业训练和投资技巧，从保险公司收到人寿保险费后，五年之内超过 80% 的资金都会被浪费，当丈夫为了保护亲人而购买保险时，这根本不是他们的本意。正是由于这种惊人的损失，才产生了人寿保险信托。

保险信托

人寿保险信托的目的就是为了保证保险金的安全。事实上，在当代，各行各业的人都买了人寿保险，以便在失去自己的供养后，配偶和孩子们还能获得适当的收入。然而很多人认为，由于买了人寿保险，在被死神召唤的时候，他们已经做好了充足的准备，而且他们所爱的人的利益也会得到充分地保护。

在很多情况下，所买的保险如果得到了合理的投资，就足以带来丰厚的收入，但是在大多数情况下，投资和保存保险金的重担就落在了没有任何生意经营经验的寡妇头上。除了在为自己的资金选择合适的投资项目方面缺乏经验外，寡妇们总是碰到狡猾的推销员，向她推销“快速致富”的股票，或者碰到一些朋友向她推荐“万无一失”的投资项目。就在毫无戒心的寡妇从保险公司领回支票时，这些温文尔雅的绅士们总是适时地出现在身边，通常的结果就是寡妇们很快就失去了在丈夫有生之年所积存的、她和她丈夫做出很大牺牲才获得的资金。

人寿保险信托是为了那些出于对家人幸福的关心，防止保险金消散或损失，使它不受那些狡猾的人和邪恶的顾问掌控的人而创立的。

这件事情很好解决。购买保险的人在保单中指定信托公司为受益人，而非他所希望获得保险金收益的个人，然后他与信托公司达成信托协议，根据这项协议，该机构应严格按照被保险人的愿望对保单的收益进行托收、持有和投资。为了配偶、孩子及协议中其他可能指定人的利益，信托公司会按协议规定的相应比例和次数支付收益及本金。

按照这种方式处理保险金可获得很多好处，如同合约的条款，也就是说，信托公司要支付保险金的收益和本金的条件，可根据被保险人的愿望来订立。例如，他可以规定，正常情况下，将资金的收益在某些具体的时间和按照特定的数额支付给家人或家庭中的其他成员，某些类型的保险单包括这个条款，但是他可以做出进一步的规定，按照这些规定，倘若一些非常事件、意外事件、或发生特殊情况时，信托公司被授权将一部分本金支付给受益人，或者他可以规定一旦某些孩子结婚了，就不再向他们支付收益，而是将其在剩余的家庭成员中按比例分配，或者他可以安排拿出一定比例的收益，提前支付房屋贷款。

遗产管理

当一个人立遗嘱时，他有权指定个人或组织去掌管他的遗产，并且确保遗嘱规定的条款得到实施，这样的人或组织被称为遗嘱执行者。如果一个人还没有立遗嘱就去世了，遗嘱检验法庭就会任命一个人去处理遗产，这个被法庭任命的人被称为遗产管理人。

遗嘱执行者的义务就是接管遗产；托收遗产的应收账户款；支付债务和费用；向法庭做出适当的报告；在合适的时间向遗嘱检验法庭做出最终报告；根据遗嘱的条款，并在法庭的指导下分

配遗产。通常，这一切要在遗嘱被提交遗嘱检验法庭后一年之内完成，除非解决遗嘱时出现特有情况，有必要延长时间。

在昔日，按照惯例，人们会指定最亲近的朋友或商业顾问作为遗嘱执行人；换句话说，在管理遗产期间和结束时，他们会选择自己最好的朋友掌管家里的经济大权，并作为孩子的监护人。这是对朋友一个很好的赞美，并表达了对朋友的信任，但是也有一点小小的不公平，因为这涉及大量的时间、劳动及责任。

任何人，即使是私人朋友，而且拥有众人瞩目的商业才能，通常也不会有足够的时间及处理遗产的经验来恰当地料理这样的事情。他也许活不到那么长时间来完成自己的任务；他自己的事情也不能忽略，而且当遗产问题最需要他去关注时，他也许必须缺席重要的商业活动或不能去度假。

恰当地管理遗产是享有盛誉的信托公司的业务，由于有了这样的机构，这就不像处理个人的枝节性问题那样了。从遗产执行人职责的角度考虑下列与信托公司有关的事实，就能立刻证明它们的价值：

1. 它们是永恒的公共机构，永远不会生病，永远不会死亡，它们的实力不断增长，而且随着业务的增长，能力也在不断地增强。

2. 受法律的约束，信托公司唯一的目的就是忠实地执行遗嘱里的每一项指示，遗产由于股本、盈余及股东的责任而避免受到损失。

3. 它的职员一年中的每个工作日都在上班，他们不喝酒、不赌博，也不投机，没有任何好恶，也不会卷入家庭纠纷当中。

4. 信托公司在为客户提供最好的服务的同时，自己也获得了最大的成就。

如上所述，遗嘱检验通常需要一年的时间，而且遗产执行者有义务尽快地解决完遗产问题。在解决遗产问题时，他或者根据遗嘱的条款将遗产分配给继承人，或者为了继承人的利益，如果将全部或部分遗产变成信托，他就将信托部分交给受托人来解决遗产问题。指定受托人及遗嘱执行者正是遗嘱订立人的特权。

遗嘱中所指定的受托人的义务就是，在遗嘱认证诉讼结束时从遗嘱执行人手里接收所委托的遗产，并对它进行保留、管理及支配、对信托财产收益进行投资和再投资，并把收益和本金分配给受益人。受托人必须继续履行自己的义务，直到满足遗嘱中所规定的所有条款要求，尽管这可能要花费很多年。这么多项义务和责任，看起来颇有点像强迫增加了最亲近友人肩膀上的大麻烦。

越来越多精明的商人在为遗产分配做规划，以便于将全部或部分财产进行以家人为受益人的委托。在很多情况下，非常可取的做法是将财产保存和保护起来，包括对本金的使用，直到家庭成员拥有丰富的经验或不再需要保护。这些人意识到有时与赚钱和获利相比，守住这些钱才是更难的。

通常妻子比丈夫缺乏商业经验。作为一名寡妇，除了管理家庭的重担外，她还必须承担起原本由丈夫所处理的事务的责任，这种责任，加上缺乏经验，使她很容易成为肆无忌惮的顾问的牺牲品，而且妻子、孩子或其他亲属突然获得一大笔钱财，会给他

们造成一种难以承受的负担和责任，即使那些在商业方面富有经验的人也同样如此。

出于谨慎和对家人的关爱，人们将财产交由有能力有经验的人去管理。有人可能会舍不得将一大笔钱交给他们缺乏经验的妻子和未成年的孩子，尽管他可以和他们一起管理他们的事务，使他们免受损失，然而在他去世时，就是这么做的，将他的遗产交由家人，由他们根据自己的想象去分割处理。通过建立一种信托，就可以避免财产浪费的危险和由此带来的亲人的痛苦。

受信托人的职责

根据遗嘱，可以明确受信托人的职责，像遗嘱订立人所渴望的那样，完成对遗产的所有安排。一种越来越受欢迎的形式就是将大部分遗产进行信托，通过这种信托，寡妇在有生之年获得收益，在她去世后，等孩子将来成年、成熟并富有经验时，将财产的本金在孩子间进行分配。

就允许将遗嘱提交给遗嘱检验法庭而言，我们要简要地列举必须采取的步骤，因为不管商业经验有多丰富，大部分人并不了解该如何去采取这些步骤。

首先，对遗嘱进行检验的申请必须要备案，而且原件也必须向法庭备案。然后，申请的遗产检验听证会的通知必须按照相关法律所规定的方式来发布，或刊登在相关刊物上，申请检验的听证会的通知还必须按照法律所规定的方式和时间邮寄给正确的人。如果遗嘱指定遗嘱执行人，必须确定执行人是否已声明放弃执行的权利，如果他声明放弃或如果没有指定遗嘱执行人，那么，必须要有一个任命遗产管理人的申请书，签字确认后随遗嘱附上。

其次，处理该事的人必须确认听证会通知是否已经被工作人员寄出、宣誓书是否被存盘，然后必须确定表明法庭检验遗嘱的有效时间的通知单是否已被寄出，以及涉及检验遗嘱通知时间刊登问题的宣誓书是否已经被存盘。

处理遗嘱的人必须确定法官是否已经对证明遗嘱的证件和找到的事实签字确认，他必须了解签有遗嘱证人以及遗嘱检验申请人名字的证词是否已经存盘了。如果遗嘱证人不在本地，他们必须要制作一份委任宣誓书，宣誓为他们作证，并且指示工作人员来发布这样一道委任状。

他必须确保制作遗嘱的影印本，上面载有行政执行官的名字和地址，并注明要求宣誓作证发出和返回的时间，他也必须确定法庭允许遗嘱检验的命令及法庭任命遗产管理人的命令能否恰当地提出。

他有义务确定遗嘱执行者或管理者的债券是否已经存盘并被批准；信件遗嘱是否已经发布和存档；附有遗嘱的遗产管理信件是否已经发布和存档；他也必须注明是否有人对遗嘱产生争议及争议的结果；他有义务确保向债权人发布的通知已经刊登、刊登多长时间，以及该报纸的名称；他必须了解索赔的截止日期；他必须确保刊登的第一份声明被存档，有关刊登给债券人的通知的

宣誓书已被存档。

当所有这一切都经过恰当的处理，而且法庭的确通过了，接着就可以处理遗产了。对于在必要程序方面完全没受过相关教育的人来说，这是一项繁重的任务，但是信托公司却因为有每天都在处理这些事务的专家团队，因此能够很出色地完成它。

家庭
理财经

为爱家的人量身打造的
财富手册

HOW TO
FINANCE
HOME LIFE

第11章

量身打造理财计划

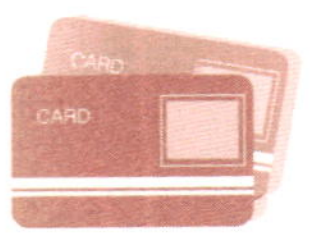

善待钱，

它能为你效劳。

我们都渴望金融独立，

金融独立是幸福家庭的最终目的之一。

任何一项投资计划，

如果没有奠定良好的开端，

而且没能始终如一地去遵循的话，

都不会成功。

善用分期付款

我们要记住，在我们这个国家，较高的平均生活水平很大程度上是由于我们勇于承担债务的表现，同时我们漂亮的房子所占的百分比更大，而且这些房子布置得更漂亮，设施更完备，这些都是因为分期付款买房子及家具都很容易。

存钱很容易，成为投资人也很容易；如果你手头没有投资的钱，那就负债。但如果眼下的负债意味着将来能力的提升，并且对个人来说有务实的计划去解决它，那这种负债就值得称赞，适当的债务就成为了财富。

把钱存起来是很有意思的，无论金额多少，但是储蓄、流通及具体的储蓄行为本身是没有乐趣的，对我们大多数人来说甚至有点无聊，除非我们有明确的原因进行储蓄。如果我们想要靠定期存一些钱而取得很大成就，那么在储蓄时我们需要体验一种愉快的预期感。

活用闲置资金

通过分期付款来投资购买证券是一种不错的选择，个人财富的逐渐增长具有一种魅力。人们首先要偿还大量的债务——证券成本与初始存款的差额，然后会发觉通过每月还款使债务减少了；接着会发现由于证券的利息或红利的收入，债务进一步减少，在短时间内，甚至比期望还短得多的时间内，就偿还完了债务，而且还使得财力获得了极大的提升。

除非将钱存入银行是为了当前的需要，否则是无用的，银行里的盈余资金就是闲置货币，而且总会因一些想到的花费而将其取出。有闲置货币的人应该立刻利用它来进行投资，然后让这些钱发挥作用，且要确保储蓄的钱将来也像得到时一样能够快速地发挥作用。

当然，一个人所能欠的最明智的债务就是为了买房子。但要买一栋真正的房子可不仅是出去逛逛，买一栋我们很喜欢的房子，这房子必须可看作是未来几年里家人幸福的居所。当我们选定了能满足这个条件的房子时，就可以举债购买它了。

除了谋生，工作也为满足生活的乐趣

在成功地筹措买房资金的奇妙活动中，为了有所产出，我们必须工作，为了谋生、体会生活的乐趣，我们必须劳动。悲观主

义者把劳动定义为我们为谋生而付出的代价，当然，这只不过是一个真正悲观者的定义。在接受这个定义的价值时，我们也最好记住，在生活或工作中我们所得到的不会超出我们所付出的。如果谋生就是我们用劳动换来的商品，我们可以保证，我们没有资格获得比我们所付出的更高价格的商品。

劳动，个人的工作，不仅仅是为了谋生，恰当来看待的话，它是生活的首要乐趣。这样看来，它为我们源源不断地买来越来越多有形的东西，使我们过上舒适的生活，同时也为我们增加了金钱所买不来的财富。

我们从用什么新词去衡量那种“纯粹厌倦”的强烈感觉，如果那种厌倦已经来自于我们继续不停地专注于我们再熟悉不过的工作？我们因激动而狂欢，那些不靠劳动来谋生的懒汉，根本就体会不到工作带来的欢乐和激动，也体会不到由于高度专注而带来的狂欢感觉。看到一份工作出色地完成，享受对完成工作的沉思，注意每一刻或每一天所取得的进步，如果不工作 我们根本无法体验到这种快乐。工人很自豪地领取高额回报，我们为工作自豪，是因为我们知道我们正在为家属的幸福作出贡献，同时也因为我们增加了公共福利而深感欣慰。

在做我们自己的事情时，我们可以体会到发展技能和提升速度所带来的巨大乐趣。满足是工人所获得的最大回报之一，满足的工人在工作中总是能找到令自己感兴趣的事情，因为他的满足来自于他知道自己从事的工作属于整个世界的一部分，让世界成为一个更适合自己、亲人及后人居住的地方。

蓝天法案

根据许多杰出的金融家和经济学家的观点，赚钱似乎是我们最容易做的事情。作为人类来说，我们主要的困难似乎就是在真的赚了钱后要如何保存它，或用它来购买那些对于所花费的钱来说能够真正给我们提供最大服务的东西。这特别适用于投资领域——如果我们要把自己看作成功的家庭金融家的话，在投资领域我们就必须要学会来去自如，但我们很多人还没有明了投资与投机的区别。

实际上，联邦的所有州都已经制定了所谓的“蓝天法案”，该法案通常被认为是牢不可破的，具有公众服务意识的官员觉得他们已经开始行动，使人们避免因为危险的投机而遭受损失，或者至少保证能有公平合理的机会来避免损失。

尽管这个立法经过周密的规划，而且从整体上是为了公众的利益所设计的，却不能实现全面保护人民的结果，一位著名的金融家近来评论说：“有时看起来大众好像乐于被剥削。当人们不想得到保护的时候，又如何能受到保护呢？我认为唯一的方式就是让他们从经验中学习，如果他们损失了一两次，那么将来他们就可能会更小心谨慎了。”

不久前，一位白发苍苍的瘦小老妇人，来到一家知名投资公司的办公室，询问为什么她所购买的由口齿伶俐的销售员所推销的某只股票不能给她带来极好的回报，而她用全部积蓄600美元，在一家完全没有价值的公司购买了一张股权证。

投资顾问问她为什么购买这只股票，她说：“他是个很不错

的小伙子，一脸的诚实。他专门跑来见我，并且几乎待了一下午，他肯定公司会支付大笔的利润，而且股票在几周之内价值就会翻倍。我需要更多的钱来还完我那小房子的欠款，所以就买了那只股票。他真是一个不错的小伙子。”

投资银行家的答复加深了对小个子老妇人的理解，却不能为她要回 600 美元。他说：“即使一脸诚实的善良年轻人都不会搭那么远的有轨电车，并且花费整个下午将财富赠送给陌生人，当这么做的时候，他们是打算索取而不是给予。如果你付钱之前而不是之后来向我们咨询这只股票，我们就可以让你免受损失。眼下，我们能做的就是提醒你，将来购买股票时一定要慎重。”

麻烦的来源就是，当小个子老妇人认为自己是在投资时，她其实是在投机。几乎每个人都有能力进行某种规模的投资，购买可靠而保守的证券；但也有一些人有能力进行投机，那只是少数。

不要想“一夜暴富”

由一家知名金融公司出版的小型内部刊物刊登了如下的信息：“走，不要跑。”在剧院的出口处，你注意到这些话了吗？

“考虑一下为什么会放在那儿，考虑一下狂野捣乱的暴民，用脚相互踩踏，强烈的欲望就是要‘快点到那儿’，这与那些安静有序地让大家安全地出去，而且最终会更快地出去形成了对比。”

投资也是一样，如果你被强烈的快速致富的冲动所驾驭，你就有可能被踩在脚下，失去一切。

记住：以一种安静、明智、安全的方式实现你的目标，至多只会多花费一点时间。回避那种承诺能马上带来高额回报的投资，如果它只有听起来一半好的话，你就永远不要涉足。坚持基于人类需要的保守投资。

缺乏耐心是投资人最大的障碍，投资获利需要时间，尽力去赶时间是很危险的。

采取“走，不要跑”作为你的投资指南。

我们不需要详细解释上面引号中所包含的充满智慧的话语，投资钟摆正转向了另一边——我们想要了解所投资的公司的人员的情况，而且如果投资获得了合理的回报，我们会非常满意。

顺便说一下，一位优秀的步行者可能比最快的奔跑者走更远的距离而不会累垮。高速行进的人可能快速走完一小段路，但是在疾跑结束时就完全呼吸急促，做不了其他任何事情了。老练的步行者平稳的步伐创立了洲际记录的速度，而且稳重的步行者最终能充满活力地完成比赛。如果一个人持续不断地缓慢行进，即使是谨慎地缓慢行走，也可以到达目的地。与那些我们完全信任的人一起做生意，有一种真正的快乐。

人们经常说美国人是墨守成规的。我们做同样的事情，日复一日，计划中很少或没有任何变动。如果可能的话，我们会光顾同一家餐馆，坐同一张椅子；去看戏时我们也是设法获得以前坐过的座位；我们喜欢到同一家商店购物，由同一位店员服务。事实上，这些并不是真正习惯的表现，也不是避免结交新友和拥有

要回避那种承诺能马上带来高额回报的投资。

新的经历，相反却是自信的标志。我们已经逐渐了解到特定的事物、地点或人能够满足我们的需要或要求，而且我们在不知不觉中体会到了这种满足的乐趣。

纽约中央铁路系统的一位前总裁说：

> 缺乏信心，缺少信息，睡在同一张床上，（犹如）锁在壁橱里被包围起来。
>
> 当一个人有信心时，他做生意会成功，但是如果没有信心，他就根本不应该涉足商业。因为信心是想象的产物，由信息产生。
>
> 我们的最佳商业管理人员之一曾经对我说，如果我们能够用事实来取代所有的谣言，那么对于美国的工业和每个美国商人平静的心灵来说，那真是一件美妙的事情。所以生意，尤其是好的生意，就是用信息来代替猜想。

在投资方面，就像在生活中的其他各项事务一样，我们发现和那些我们信任的人打交道真是件令人愉悦的事。这是好事，对生意也有好处。

用信息来取代猜想

好的生意就是用信息来取代猜想。简单来说，这就意味着人

们应该了解并信任他们购买投资证券公司的诚实正直。如果只按照这个很简单的规则来限制我们的投资，那么我们就会大大降低损失本金和积蓄的风险。

在我们这片土地上，有很多机构在从事可能的投资交易，银行、信托公司、投资银行家、经纪人、债券公司、抵押公司、房屋和借贷协会及其他知名的机构，这些机构的大多数都建立在稳固且诚实正直的基础上，在自己的社团中，他们拥有自己大量的资本，并最终促进社团的繁荣；如果顾客不发财，他们就没法生存。通常，他们通过将自己的资金投资到他们所经手的财产，来证实他们提供给投资人建议时的判断力。

当人们与已确立声望的知名公司打交道时，猜想就会消除，可靠的信息有助于我们创建好的事业。根据统计学家的观点，85% 的人只是得过且过，他们是生活的“幻想家”，另外 15% 的人是成功者，他们是“实干家”。

你是智力缺陷、缺乏远见、无能、还是粗心？世人并不从这种类型的人中寻找个人的主动性或远见。对于智力缺陷的人来说，我们有精神病院、贫民区及薪水最低廉的工作。到了 50 岁后，大部分受扶养者、寄生虫、食客，都是由缺乏远见的人所构成，年轻时他们只是围着轻快的蜡烛火焰飞舞的蛾子。

无能者总是在抱怨：因为别人的头脑比他们的聪明；他们总是沉溺于自怜中，因为他们永远没有机会。这些人认为进步意味着“靠耍手腕得逞”，而实际上是靠“实干”。

粗心的人只是头脑懒惰——他们不思考，而不思考的人是既不值得考虑也不值得讨论的。

个人的主动性是“保持生机，强烈地意识到我们潜力”的另一种说法；了解我们的能力，最充分地利用我们的知识。远见只是向前看，并在困难出现之前解决它。

还有恐惧，恐惧建立在无知的基础上。我们从来不害怕已了解的东西，我们不惧怕朋友。无知掩盖事实真相，我们对不理解的事物感到恐惧。

去做我们知道如何去做的事不难，当我们知道如何以及为什么要去完成某一件事时，对该事的恐惧就消失了。

善待钱，它能为你效劳

要知道节俭会令你战无不胜；要知道系统地储蓄会为富有成效的投资奠定基础；要知道如果你谨慎地安置你的钱财，它会心甘情愿地为你服务。要知道这些事情，任何具有前瞻性的商人都能向你证明这些事。

通过获得知识来消除恐惧，向前看，然后尽可能地证实你的判断。对于那些知道自己在做什么的人来说，金融领域是不存在任何暗藏风险的。

读过这本书的人可能会公正地说，所提供的信息和开支计划有时缺乏完整性。由于涉及的主题众多，自然就不能完整地阐述其中任何一个。书中已调查了现存的与房屋有关的整个金融领域

的知识，每一个部分所需要的空间与整个系列所需要的空间是一样的，才能达到完整的目的。

我们不敢说这本书会成为关于如何赚钱、花钱、存钱、投资的有用的知识宝库。一直以来，本书的目的只是激发人们沿着将被证明为有益的特定轨道去思考，如果这些想法能够成功实现，并获得一个符合逻辑的结论的话。

没有一个作家可以为读者完成所有的思考，如果他能撒下创造性思考的种子，也许能够澄清读者脑海里迄今为止一直不解的一些问题，那么他就完成了自己所希望做的事情。但是这本书从头至尾都有一个主导思想：与没有计划的人相比，拥有明确计划的人走得更快更远。

我们大多数人只是得过且过，在可能的时候尽情享乐，入不敷出，不能为肯定会到来的不测未雨绸缪，生活中充满了希望，期望着通过某种方式，经过若干时间，就能够拥有足够多的钱来永远摆脱经济困扰。换句话说，他们除了欺骗朋友让他们相信自己比实际更富有外，没有任何行动计划，而且朦胧地申明他们猜想自己还能“勉强过活”。

那些靠着“勉强过活”希望度日的人们，一生当中很少能实现他们的愿望。缺乏明确的计划，迟早会使漫无目的之人付出代价，这种代价要远远超出他从生活所获得的真正价值。

在某种程度上我们都是创造者。首先，我们为自己塑造品格，而且是一种适合小区和国家的品格；我们建造房子，希望并期待将这些房子变成家园；我们创业，赢得商业信誉；我们创立信用，或好或坏；我们都想要创造家庭的幸福。任何一位名副其实的创造者——不管他创造了什么，如果没有计划，是不会成功的。

计划是必要的，它们不仅向我们具体描述了所要创造的结构，而且使我们能够确定成本和价值，使我们能够确定有关我们期望可以完成计划的时间，给我们架设了一条条平坦得可让我们行进的高速公路，而不是在沼泽地、沙子上及雪地上蹒跚而行。

两个理财的基本原则

作为一个民族，我们享有“储蓄者”的杰出盛名，与全球其他国家相比，美国的人均储蓄额更令人赞美。但是我们还有另一个名声，这个名声可就不如“储蓄者”这个名声那么好听了——我们是世界上最大的浪费者。

其一，预先计划的人不会浪费。

如果没有明确的计划，没有人能够期望在任何事业上获得最大的成功，然而最需要计划的莫过于追求金融上的独立。

投资领域持久的结果很少是来自偶然的、随遇而安的、勉强糊口的方式进行储蓄和投资，或许有一些特例，人们偶然性地把资金进行了投资，并产生了不正常的、童话般的回报。对于每一个这样的案例，都有成千上万元的损失，“投资人”不仅丢失了资本，而且，这种损失使得他要长时间进行艰苦的努力才能够获得另一笔盈余资金。很多的失败者都难以恢复过来，内心痛苦地

过完了自己的余生。

我们都渴望金融独立，金融独立是幸福家庭的最终目的之一，如果这个目标不能实现，我们就会觉得我们没有成功地经营好家庭。但是我们永远都不要忽略这样一个事实，即金融独立不是像蘑菇一样一夜就可以出现的，它需要小心地种植、持续的照料、细心的培育。

其二，任何一项计划本身都没有价值，除非能将计划执行完毕。

预算的制定除了是一种脑力劳动外，几乎没有什么价值，除非这些计划确实用来指导家庭的开支，而且只要条件允许的话能够严格地遵守。

储蓄计划一文不值，除非是为了一个明确的目的，而且能够持续——零星的储蓄从来不会带人们走上金融独立的高速公路。要想让一项储蓄计划有价值，必须要完成它。有时当面对很多诱人的东西好像在乞求我们去买它们时，完成一项储蓄计划就需要很大的勇气。

任何一项投资计划，如果没有奠定良好的开端，而且没能始终如一地去遵循的话，都不会成功。在寻求金融独立时，如果把储蓄上百次定期地投资购买良好而保守的证券，然后在一次疯狂的投机中损失了所有的证券，那么，你所得到的回报就将是彻底消除了良好判断力的感觉。

如果建房时在打地基或支框架时就停工了，那么没有一间房子能给家人带来很多幸福，或成为一个家。只有在封上了屋顶、安装了门窗，配上适当的家具后，房子才能成为一个家。

如果这本书中的想法已经表明了计划的必要性，并且要将计划执行到底，那么本书就没有白写，我的工作也就获得了双倍的回报。

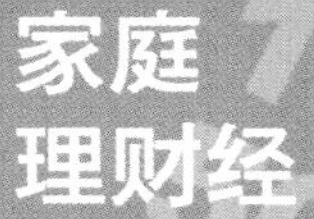

家庭
理财经

为爱家的人量身打造的
财富手册

HOW TO
FINANCE
HOME LIFE

第12章

你应该要知道的金融常识

这里，

有大约 100 个金融学中

常使用的单词和短语。

在一般情况下，

是每个人都应该很熟悉的财务常识，

因为它们能以某种形式

帮助你的家庭理财获得成功。

财产记录（Abstract of Title）：对一份财产所有者自始至终的记录。这由土地业权公司、名称担保公司和名称保险公司负责准备记录。这些记录被称为“搜索”，并显示出土地中的任何产权负担。证券公司在没有被提供财产记录的情况下是不会给予土地贷款的，任何一个个体不允许在没有财产记录的情况下向任何一块土地或一份财产进行贷款。

男性遗产管理者或女性遗产管理者（Administrator or Administratrix）：一个人死亡，且没立遗嘱，遗嘱认证法院或其他一些适当的法律机构将依照法律在死者合法继承人中任命某个人继承死者所有物和房产，这个人如果是男性称为男性遗产管理者，如是女性称为女性遗产管理者。

摊还（Amortize）：意思是说通过创建一个偿债基金来保证债务的偿还，即定期进行偿还整个债务。举例来说，如果一个人借款 1000 美元，要求在 10 年内还清贷款，他可通过摊还方式在 10 年中每年偿还 100 美元。

年息（Annual Interest）：利息每年支付一次。每年只支付一次利息的投资并不像每三个月或六个月支付一次利息的投资那样可取。

年金（Annuity）：一笔款项，按年支付或按固定时间支付。如果一个人遗嘱中说要在其儿子一生中每月给予 100 美元，则其年金就是 1200 美元。

鉴价（Appraisement）：指由公正机构鉴定某物的价值。在决定购买一份不动产之前确定银行对这份不动产的鉴价，是判断买价是否合理的一种安全方式。

估价（Assessed Valuation）：由市、县或州对财产进行价值评估，目的是为方便税收，通常估价值要远远小于其真实值。

资产（Assets）：凡属个人或公司的任何有价物品，都可用来为个人或公司偿还债务，履行义务。

宝宝债券（Baby Bonds）：发行的面值不超过 1000 美元的债券。

销售法案（Bill of Sale）：针对某些个人物品或财产，卖方出示给买方的书面文件，以此证明卖方在买方已支付一些费用的情况下，同意向买方转让物品所有权。销售法案不能用于房地产转让。

蓝天法案（Blue Sky Law）：这是不同国家为保护投资人利益所制定的法案。法案给予国家权力机构禁止出售股票或债券，国家官员认为股票或债券的出售可能会导致投资人受骗，但是世界上任何一个蓝天法案都不能禁止愚蠢投资行为的发生，其实有一个简单的投资规则，那就是：要投资，先调查。

债券（Bond）：这是由政府、州、市或公司签订的一个合约，

表明彼此同意在一定期间内偿还借来的部分资金，并支付一定时期内使用资金的租金。债券的种类很多，不熟悉债券和类的投资人可在做债券投资之前，从有信誉的债券公司或银行高级职员那儿获取咨询。

债券赔偿（Bond of Indemnity）：这是对受损的投资方设定的保护措施。在家庭金融中，债券赔偿最常见的用途是保护家庭所有者对财产的留置权，并保证家园将根据合约指定的合约款项进行建设。合约里没有规定建筑承包商应提供赔偿保证金，或称“担保证券”时，任何人都不应承担家园建设的责任。

奖金（Bonus）：从金融学角度来说，奖金的含义是“通过额外手段使销售价格更富吸引力”。例如，一家公司将在一定价格范围内提供首选股票，为使价格有吸引力，公司将会向买主提供一些普通股票作为奖金。

账面价值（Book Value）：一家公司的股票价值由公司的账目所体现，然而一个股票的账面价值往往要比市场的股票价值高，所以投资人在决定投资之前一定要确保对各种股票作可靠无误的咨询。

虚假繁荣（Boom）：由市场炒作上涨而非实际生产价值提高所导致的价格上涨，虚假繁荣会随着购买热情下跌而瘫痪。当合理而自然的消费水平到来时，那些在虚假繁荣时购买的消费品就成了一堆废品。

经纪人（Broker）：负责采购和销售，以现金或回扣方式收取他人的支付。

木桶商店（Bucket Shops）：此术语指那些不负责任的经纪人的经营场所。它们的主要目的不在于经营，很少会有投资人在这些地方真正赚到钱。

建筑和贷款协会（Building and Loan Associations）：对持有有限储蓄的人来说，这是真正的银行机构。很多人的储蓄会在这里被结合在一起，有效地被利用在家园建设中。该协会的目的和计划在本书第 5 章有清楚解释。

建筑抵押（Building Mortgage）：有时候，或者说经常，这个术语被理解为是建筑机械的留置权，法律允许机械和劳动者对劳动的对象提出财产索赔，或者由财产所有者支付材料供应费。即使你已完全支付建筑承包商所有的工作费用，但如果承包商未支付工人工资或材料费用，留置权仍可从所有者那里被转移。为防止这种财产损失，财产所有者应坚持要求承包人提供一份债券赔偿以完整合约，或者保留最终付款，直到建筑机械的留置权过期。

资本化（Capitalization）：指一个公司拿去注册做股票业务的总资金或每只股票的票面价值；换言之，就是可以安全投资到企业，投资后按照发起者和组织者的意愿可以赚到足够收入的资产。但是，投资人不能因为一个公司的股票而使自己与自己所有的储蓄分离，原因很简单，那就是成百上千的美元已经资本化。一些州已成立相关法规，这使得大资本很容易被纳入，往往原来拥有最大资本的企业成功几率却是最小，在屈服于这些公司辉煌的招股说明书或他们能言善辩的推销员会谈前，请最好从有信誉的投资公司获取意见。

安全保管（Care of Securities）：股票、债券、契约、抵押和所有其他有价值的文件都应存放在安全的保险箱里，和个人珍贵的保险金比起来，保险箱的租用成本非常小。在把这些文件放进保险箱之前，请先做一张清单，描述得越详细越好，然后把这张清单保存在你容易找到的地方。

认证支票（Certified Check）：存放者存入银行的一张普通支票，需通过银行内一些权威人士的书面授权，经过他们的签名，以此证明存放者有足够的存款来支付支票。该支票被存入账户后，将由银行支付票面款项。

支票（Checks）：银行账户中的支票已成为我们现代业务和日常生活中常见的事物，因此不需要过多描述它的用处，但是，关于支票有一些要点没有得到人们普遍的正确认识。首先，无论是现金还是存款，所有的支票都要尽快存到自己的账户中，持着支票总会使持票人处在要接收支票的身份中，使持票人处在保持账户平衡的状态中，结果往往导致持票人受损。在多数州，支票的有效期随着开出支票的人的死亡而失效；如果开示支票的人陷入经济困境，持支票的人不会得到任何赔偿，除非在他持有支票期间其他的支票被制作和发行。在开支票时，建议最好在支票的左下角作注释，写好有关付款项目。这样的支票，当它已被支付而被银行退回时，其仍保留效力，可以被法院接受成为证明支票被付清的直接证据；当支票被银行退回后，要保存支票至少五年，它们至少可以被当作证据。

抵押品（Collateral）：保障了在一定时间和条件下贷款的

偿还。

佣金（Commission）：银行家或经纪人为客户购买证券而收取的费用。信誉好的股票公司向投资人收取的购买股票或债券的佣金比起推销员向投资人收取的债券佣金要少得多；另外，投资人的受益远不止省下了一些费用，他们还会得到来自信誉好的投资公司提供的如何机智地选取适合自己需求的证券的建议。然而事实上，推销员向客户推荐的证券并不完全是出自为客户的福利考虑，更多是为了保证自己的销售和佣金。

普通股（Common Stock）：这部分资本的股息只有当其他所有的义务得以实现后才会被支付，也就是说，股息只有在公司的债务得以还清，债券优先股的利息得以支付或利息和基金得以提供的情况下才能被兑换。无论公司的收入中剩余什么都可用来支付普通股的股息，普通股代表在该公司的股资所有权，普通投资人在没有得到可靠能干的投资顾问建议的情况下，不应随意购买普通股。

股份公司（Corporation）：“只存在于法律内涵中的无形法人”，这是股份公司的法律定义。平时我们经常使用公司（company）一词，股份公司或公司在获得国家特许后在某些特定的规定和条件下，为了某些目的而经营某种特定类别的业务。一个股份公司的股票持有者是公司的合作伙伴，既然是合作伙伴就应按照本人持有股票的比例尽偿付公司债务的义务。通常情况下，市政当局被称为股份公司，因为根据国家法律，市政当局作为独立的公司经营管理其内部业务。

息票（Coupon）：我们对息票最感兴趣之处在于它们与债券紧密相连，代表一段时间内债券的利息。债券拥有足够数量的息票，每张息票支付的有效期持续到整个债券的使用期，如果在息票被支付之前就停止使用息票，这是很不明智的做法。当息票可兑换为货币时，人们便将很多息票一次性换成现金，很多时候，息票遗失或被毁，就会给物主造成损失。将息票保留在债券中并及时兑换，那么，当最后一张息票被兑换后，债券的价值便趋向完成，债券发放公司将支付其所有价值。投资人没有必要为了得到利息而将息票卖给特定人士，息票可被存入银行，银行将会把相关信息和信贷数额放入您的账户。

信用卡（Credit）这个词来自拉丁文credere，意思是“信任”。当我们出示信用卡时，我们可获得物品、服务或金钱，这意味着我们有足够的信心让别人相信我们是诚实的，只要承诺我们就会履行义务。因此，信用卡最应被谨慎对待，如果我们失去了信用，我们即失去了别人对我们的信任。

累积（Cumulative）：我们经常会看到有关股票的说明——优先累积，“优先”意味着任何一个普通股股息在被支付之前，股息将会被投入到这个特定的股票中。优先股通常特指一些红利，特别像是 7%的利率，但当“累积”一词放在“优先”这个词前面时，就意味着万一公司没有能力支付一年中股息的数额，那么这一年的股息就会算在下一年的股息中，以此类推，直到公司在支付任何普通股股息之前有足够的利润来支付所有积存的优先股股息。以投资而言，用公司的优先股作为普通股的累积变得越来越没有吸引力，这是因为如果公司拖欠优先股的支付达一到两年，这个公司的收入也许永远也还不清所有债务，这就会导致公司毫无能力支付普通股的股息。

宽限期（Days of Grace）：一般来说，诸如说明抵押物或其他文件可允许在三天期限内付清费用，逾期不付者，法律可按程序收回文件。如果财物持有者主张施行宽限期，则他应该承担宽限期中的额外利息。

公司债券（Debenture）：这是我们经常看到向投资人提供债券的形式或类别，通常债券的发放要件有给公司的财产抵押物，以此作为安全支付的筹码，但是公司债券只意味着对公司展望优先股和普通股时多了一份义务，通常不承担对公司的设备或财产的抵押。事实上，公司债券只是公司优惠券的一种形式，不必担保公司的声誉和管理，投资人应在投资公司债券前做好详细咨询。

契约（Deed）：在财产交易中，契约取代了现金交易的形式。通常来说有两种契约形式：产权转让契约和担保契约。在产权转让契约中，财产销售方不承担条款中任何瑕疵；而在担保契约中，卖方需担保财产条目清晰无误。一个人若在没有担保契约的情况下购买财产是很不明智的，因为担保契约已通过拥有良好声誉的公司的谨慎认证，若非如此，财产将永远不可能作为担保而被借用，银行对这方面尤其关注。

赤字（Deficit）：一个企业出现了赤字这种表述，事实上是对该企业处于亏空状态的一种婉转的表达方式，意思是说经营该企业的开销要大于企业获利。

股息（Dividends）：利润的划分。当公司的收益额高于开销额，且公司已支付了其他一切开销，所剩收益或部分收益将由股东按股份平分，这种划分构成了股息公司。股息代表了在公司投资的受益权——从债券中获得的金钱被称为利息而不是股息，我们购买债券是先把钱借给公司发放债券而后获得稳定薪金，而购买股票我们只参与分红。

抵押资产净值（Equity）：抵押品价值之外的财产价值被称为抵押资产净值。这是一个没有被很多人正确理解的名词，人们往往低估或高估财产的抵押资产净值。例如，一个年轻女子购买了价值 1000 美元的地产，她按合约支付了 500 美元，并承担 500 美元的抵押，紧接着她会说她有价值 500 美元的抵押资产净值，这种说法可能准确也可能不准确。事实上，如果她被迫出售财产支付抵押，那么她的抵押资产净值取决于她的财产所剩物。抵押物至关重要，如果她不精通于财产选择，并以过高价格签约，那么她的抵押资产净值将不会有这么多；另一方面，如果她能将地产以高于 1000 美元的价格出售，则她的抵押资产净值将在 500 美元和她所售金额之间跳动。

代管（Escrow）：银行协议术语，指甲乙双方经过协商，同意将某物放在第三人手中保管，如果某些特定的条件得到满足，物品将根据协议交付或退还到主人那里。延期付款购买的财产是一种代管，银行或信托公司负责保管合约和财产名称，直到付款完成，这种方法既保证了买方，又保证了卖方的利益。

遗嘱执行人（Executor or Executrix）：个人或公司根据立

遗嘱人的愿望执行相关规定。越来越多的商界名人委托信托公司作为自己的遗嘱执行者，这种计划会给继承人带来很多便利。

继承权（Fee）：在金融术语中，这个词是说某人对某物，例如证券或财产等的绝对所有权，没有任何的抵押物、延期付款或其他累赘。用于房地产领域时，人们经常使用“简约土地所有权”（fee simple）这个术语，尽管土地所有权（to own in fee）这种表达更接近有关财产继承的古老普通法案的规定。

信托（Fiduciary）：这是另一个来自拉丁文的名词，意思是信任或信赖。所以这个术语在信托公司的职员那里很受欢迎，他们很喜欢称自己经手的房地产为“信托地产”。信托机构就是用信任接手客户的事情，用心来呵护客户。

第一抵押债券（First Mortgage Bonds）：简而言之，这是对借款支付的一个承诺，以债券的形式出现，以对财产的第一抵押债券的形式作担保。

固定费用（Fixed Charges）：固定费用和非经常费用（overhead expense）之间有差别，虽然这两个词在会计结算时常常被混淆。公司的固定费用一般被视为是债券、浮动债务、基金、租金、税收和保险的利息。

取消抵押品赎回权（Foreclosure）：取回抵押品是为了取回财产，卖掉抵押品是为了确保债务的偿还，因为抵押品被视为担保物。很多人认为财产的整个价值在于抵押物的所有者，其实这是不正确的。债后金额，加上取消抵押品赎回权的费用和其他的留置权，是剔除在得到的出售金额之外的，其余的部分必须给

予签署抵押的人及他的继承人。

特许经营（Franchise）：公共事业，诸如电力、煤气、自来水、通讯公司等，需要征得特殊的许可或特权来经营业务，这种特权被称为特许经营。通常这种特权已在数年前由市政当局授予，购买这类公司债券时，最好要确定债券的寿命不要超过特许经营权的期限。

扣押 / 第三债务人（Garnishment/Garnishee）：如果史密斯先生欠琼斯先生的钱不还，琼斯先生可以在诉诸法律的过程中，附上史密斯先生相等于债务数额的任何财产、工资或银行账户，此即被称为扣押。这个词不像以前那样广泛使用，更具表现力的内容“附件”，如今被更普遍使用。

保息股（Guaranteed Stocks）：有些股票或股份是一些大公司保证支付股息，有时是因为有些大公司有承担运作和管理公司股票发行的法律责任。例如，在一个大的铁路系统中签一个租赁合约经营一条较小的线路或铁路部门，那么这条较小线路的股票通常就被签合约的公司所保证，这些较小的股票往往是铁路保证了决策的租赁公司，这是一种受欢迎的投资方式。

监护人（Guardian）：由法院任命或在遗嘱中指定，对无民事行为能力和限制民事行为能力者（如未成年人）、财产和其他合法权益负有监督和保护责任的人。

控股公司（Holding Company）：这些公司达成了他们拥有其他公司股票的目的，并确保从处理其他公司股票中取得利润分红，他们的目的经常是规避法律管束，这将使一些公司被非法合并，在过去几年，控股公司的影响已经在美国或多或少地出现了。当一个人在一家控股公司购买股票，他并没有买入由控股公司经营的这家公司的股票，相反，他只购买该控股公司的普通股，参与利润分红，投资人在投放资金之前，将以控股公司管理人员的身份巩固自己的地位。

抵押（Hypothecate）：为了诚信，把一些抵押品，例如股票、债券和其他有价值的东西，放置在存款作为贷款的担保，这段期间它们不能被出售、交易或以其他方式使用，直到债务清偿。

收入（Income）：在金融领域内的收入一般用来表示每年从投资返回的金额，从工资和业务之类取得的通常被称为“收益”。然而，近来这个词越来越普遍适用于每年财政积累的所有来源，这种现象的发生，毫无疑问在很大程度上是从联邦所得税下普通民众的收入中取得的。

背书（Indorse）：当一个人把他的名字写在支票或其他文件的背面，为转让其所有权给他人，或为保证履行该文件中所载的义务，这就叫背书；在银行支票业务中，签发支票的背书人可以使其他人兑现支票。人们不应该随意背书，除非已经准备存款或者付款。在股票证书，或债券背面一经背书，该股票或债券有可能就得转让给他人，这种证券不应该被所有者背书，除非想立即转让所有权。一个背书的票据意味着背书人同意票据所涉及的贷款额，如果贷款人无法偿还债务而他被要求支付，对此他应该心里有数。

兴业证券 / 工业股（Industrial Securities/Industrials）：制

造业公司发行的股票和债券。

遗产税（Inheritance Tax）：按国家法律从遗产继承者征收的税，这种税不像其他税要每年支付，但需在收到财产时支付税款。

利息（Interest）：货币，像其他商品一样，使用它必须有一定的报酬，利息可称为货币的租值。债券支付的利息是发行债券或票据的公司对货币的使用租金，相反，股息并不代表货币的租值，而是代表赚钱的能力，因为股息是利润分成。

投资（Investment）：关于“投资”和“投机”的定义很混乱。一位作家曾经这样描述两者的差异，“在肥沃的土壤播下良种就是投资，打赌这块土地能产出多少马铃薯就是投机”。在投资中，资金投入的安全是首要考虑的，第二则是投资将获得的利润，提高本金的价值则是最后被考虑。

投资银行家（Investment Banker）：一个进行投资交易的人，他为自己或自己的公司购买大量的投资，然后再卖给他的客户或顾客，他的主要收入来自他买进和卖出证券的差额。投资银行家和股票经纪人的区别在于股票经纪人不为自己购买，而是对支付交易佣金的买家销售服务。

水利债券（Irrigation Bonds）：政府下达的文件或在一个区域贷款建造和经营水利工程来灌溉土地，在将他们的资金放在债券灌溉之前，投资人将咨询信誉良好的投资银行家，因为他们有很多条件可以挑选。

次级债（Junior Bonds）：有时公司为了扩张或者其他目的，会发现有必要借款，债券的发行就是为了这个目的。由于债券的担保通常用公司的财产作抵押，有些债券在价值上就要比一些债券次等，所以当财产被没收时，那些次等债券可以先不清偿，直到其他债券被偿还完。

法定假日（Legal Holidays）：包括法定的周休假日，其他任何一天被法律规定的节假日，因此，银行、商业机构，所有公共机构都在这些日子不营业。在许多国家债务到期日落在法定节假日，到期日就会延后一天，而有些则会提前一天。

法定投资储蓄银行（Legal Investments for Savings Banks）：有一句关于债权的话，人们经常在图书和广告中看见。大多数国家的法律强调国家投资、证券储蓄银行可能会调用存户的钱，这些法律是为了保障存户，而那些法定银行的投资必须符合各个国家的法律规定。所有表面条件相同，一个投资人提供的两个债券，从安全角度看，法定投资储蓄银行的债券会被优先考虑。

负债（Liabilities）：拖欠任何东西都是一种责任，他完全可以将剩余财产作为资产来清偿债务。在企业，资本存量、应付账款、资金和流动负债、盈余、损失等都在财务报表中列为负债，因为这些业务都必须清查，以便股东公平地进行财产分配和获利分红。

抵押权（Lien）：一项针对财产索赔的权利，参照前列“建筑抵押”。

上市证券（Listed Securities）：股票或债券在纽约或其他证券交易所上市，证券交易所有一个规定，证券必须列在能被看见的板面上，尽管上市证券不一定就比没上市的好，但它仍然博

得局限于上市证券的普通投资人的青睐。首先，由于交易所规则，上市的事实保证了可能有一个更大的宣传元素附加到该已上市公司的业务；第二，你总是能迅速确定市场价格，通过日报财经版公布当天的证券交易所交易报告。另一方面，一个非上市证券的价值仅仅是你能够得到它，却不能确定它的市场和市场价格。

出票人（Maker）：这个术语是关于纸币、支票、合约、抵押等，谁签署了文件，对文件履行做出了承诺，谁便被称为出票人。

保证金（Margin）：为了透过股票经纪公司购买股票，而付部分费用给经纪人，然后在自己的名下持有股票，而对未付余额，经纪人除收取手续费外还要额外收取款项。如果股票价格上涨，买方能够卖一个好价钱，但如果股票下降，保证金或其他报酬可能会被取消，经纪人就会卖掉跌价股票。保证金购买股票是投机的特征之一，不仅需要金融和股票市场的良好知识，而且需要大量的资金确保成功，这是普通投资人无法处理的业务，除非有丰厚的家庭资产做后盾。

市场 / 在市场上（Market/at the market）：这种表达在金融活动的全部阶段越来越普遍，是用来描述各种条件，由于跟股票和债券有密切关联，它可以对人们在特定时间安全地买进或卖出股票有重要的参考价值，这体现了在证券和股票交易中价格的安全。

免税（Non-Assessable）：在特许状态下，由于公司亏损以致不能对某些股票分摊征税。然而，如果一个公司濒临破产，股东有必要以现金增资稳住公司阵脚，以保护投资人。

免征税（Non-Taxable）：投资而不用缴税则被称为免征税，但是，一个人应该了解自己生活的国家证券法律中有关于“非税收”的法律。

票据（Note）：书面的或印刷的，由制造商或制造商授权的政府官员签署，承诺在一定时间内支付一笔款项。

票面价值（Par）：安全面值，不在乎市场价格如何。

点数（Point）：当 100 美元的票面价值上升一点，它上升 1%；在棉花和咖啡市场的一点是 1 元，所以，如果棉花价格每磅上升 0.5 分，将上升 50 点。

联营（Pool）：运用集团成员对股市进行操控，为了使他们的决定有可能迫使某只股票价格上升或下跌。

优先股（Preferred Stock）：这是公司资本存量的一部分，比普通股吸引投资人的注意，但公司的债券利息和流动负债必须在红利可支付优先股持有人前清偿。

溢价（Premium）：如果一只股票的面值为 100 美元，但是这个股票对投资人具有高度吸引力，以至于市场是每股 105 美元，那么股票以溢价 5 美元出售，这就是市场价值和票面价值的区别。

本金（Principal）：一个证券的票面价值，忽略利息、价格或溢价。

招股说明书（Prospectus）：该公司出售证券的计划和目的是以印刷品的形式提供给公众，他们主要是为了从潜在投资人的口袋和银行账户谋取钱财，在此他们每年为了自己的目的损害了

成千上万人的利益。切勿仅从招股说明书提供的描述来购买股票和债券，应该从消息灵通的、无私的人那里得到可靠的消息。

代理（Proxy）：在同一个公司，一个股东赋予另一个股东来行使在股东会议上投票的权利。股东在给予他人代理时应认真思考一下。

公用事业（Public Utilities）：公共服务事业，如自来水、电话、电报、瓦斯、电力、街道铁路等，公司的证券被称为“公用事业”，会使公司更有吸引力。

铁路股票（Rails）：铁路公司的股票。

不动产（Real Property）：不动产是指不能移动或者如果移动就会改变性质、损害其价值的有形财产，包括土地及其地上物，也包括物质实体及其相关权益，如建筑物及土地上生长的植物。依自然性质或法律规定不可移动的土地、土地地上物、与土地尚未脱离的土地生成物、因自然或者人力添附于土地并且不能分离的其他物，包括物质实体和依托于物质实体上的权益。

资源（Resources）：一个人或公司，任何他可以拥有的一切，都是资源。

投机（Speculation）：这个词经常被滥用，因为投机的做法经常被滥用，真正的投机是对未来事态有一个计算，以这个计算为基础来投资，一个企业没有计算的过程无异于赌博。真正的投机者在国家发展中是一个独特的因素，因为他试图向前看，确定业务方向，然后根据他正确的设想进行投资，从这个人可以很容易地看到，成功的投机不仅需要资金，更需要一些判断力。

股票息（Stock Dividend）：当一个公司，不是以现金支付其利润给股东，而是发放额外的股票代替应得的现金数额，并保留扩充业务的资金，前提是它已经发放股息了。

证券交易所（Stock Exchange）：满足股票经纪及交易商购买和出售股票的集会地点。

托伦斯不动产登记（Torrens Title）：一个由澳大利亚海关官员制定的房地产转移系统，得到普遍使用，并得到美国 14 个州的支持，该系统设想土地登记和所有权的转让与股票的方式相同。

信托契约（Trust Deed）：财产所有权转让给一些人或公司体现对他们的信任，信托契约是利用在房地产销售中普遍呼吁延期付款的合约计划，据此，卖方转移到这样一个信托公司或银行，直至支付已经完成时将权利转移给买方。

受托人（Trustee）：一个人或组织处理借款人和放债人的共同利益。因此，当一个公司想通过发放债券的方式借资，出于安全考虑，房产的债券按揭是摆在受托人手中的，通常是银行或信托公司。在某些情况下，根据贷款的合约条款，接管财产和代理债券持有人的利益是受托人的责任。

权证（Warrant）：简单来说，是一些市镇的官方授权，财政官为改进市政所提供的一些服务，但财政官没有资金用以支付它，只能表明它的合法化和利率来吸引投资，注册后它便成为一个全市负债，必须在本市征税。

以上，在一般情况下，是每个人都应该很熟悉的财务常识，因为它们能以某种形式帮助你的家庭理财获得成功。